"互联网+" 新形态立体化教学资源特色教材

新型活页式融媒体教材

人工智能基础项目教程

主　编　董彧先

副主编　迟俊鸿　秦　武

参编者　苏　敏　赵春东　刘　淼

　　　　张革华　臧宝升

清华大学出版社

北京交通大学出版社

·北京·

内 容 简 介

　　本书采用项目教程的编排方式，实现了基于工作过程、项目教学的理念。本书共由 8 个项目组成：人工智能概论、人工智能数据预处理、云计算下的人工智能、人工智能基础知识、人工智能技术在交通系统中的应用、人工智能编程入门、人工智能框架技术、人工智能的行业应用。

　　本书内容丰富，结构清晰，通过具体的实例对人工智能的概念、技术及应用进行了透彻的讲述。本书不仅满足高职高专教学的需要，而且也适合作为人工智能初学者的入门书籍。

图书在版编目（CIP）数据

　　人工智能基础项目教程 / 董彧先主编；迟俊鸿，秦武副主编. —北京：北京交通大学出版社；清华大学出版社，2022.9（2024.7 重印）

　　ISBN 978－7－5121－4748－5

　　Ⅰ. ①人…　Ⅱ. ①董…　②迟…　③秦…　Ⅲ. ①人工智能-教材　Ⅳ. ①TP18

　　中国版本图书馆 CIP 数据核字（2022）第 107287 号

人工智能基础项目教程
RENGONG ZHINENG JICHU XIANGMU JIAOCHENG

责任编辑：严慧明　　特约编辑：师红云

出版发行：清 华 大 学 出 版 社　邮编：100084　电话：010－62776969　http://www.tup.com.cn
　　　　　北京交通大学出版社　邮编：100044　电话：010－51686414　http://www.bjtup.com.cn
印 刷 者：艺堂印刷（天津）有限公司
经　　销：全国新华书店
开　　本：185 mm×260 mm　　印张：13　　字数：325 千字
版 印 次：2022 年 9 月第 1 版　　2024 年 7 月第 4 次印刷
定　　价：47.80 元

本书如有质量问题，请向北京交通大学出版社质监组反映。对您的意见和批评，我们表示欢迎和感谢。
投诉电话：010－51686043，51686008；传真：010－62225406；E-mail：press@bjtu.edu.cn。

前　言

人工智能（artificial intelligence，AI）是研究、开发用于模拟、延伸和扩展人的智能的理论、方法、技术及应用系统的一门新的技术科学，是一门自然科学、社会科学和技术科学交叉的边缘学科，它涉及的学科内容包括哲学和认识科学、数学、神经生理学、心理学、计算机科学、信息论、控制论、不定性论、仿生学、社会结构学与科学发展观等。人工智能、云计算、大数据、物联网、5G通信技术等新一代信息技术的快速发展，正全方位影响着人们的工作、学习和生活方式，人类正以前所未有的速度进入智能社会。

作为高职高专教学用书，本书根据当前高职高专学生和教学环境的现状，结合职业需求，采用"工学结合"的思路编写而成。本书适用于人工智能技术初学者。

本书在内容上力求突出实用、全面、简单、生动的特点。通过本书的学习，能够让读者对人工智能技术有一个比较清晰的概念，能够理解人工智能基本概念、人工智能数据预处理、云计算下的人工智能、人工智能基础知识、人工智能技术在交通系统中的应用、人工智能编程入门、人工智能框架技术、人工智能的行业应用等内容。

人工智能是计算机科学的一个分支，它试图了解智能的实质，并生产出一种新的能以与人类智能相似的方式做出反应的智能机器，该领域的研究包括机器人、语言识别、图像识别、自然语言处理和专家系统等。人工智能从诞生以来，理论和技术日益成熟，应用领域也不断扩大，可以设想，未来人工智能带来的科技产品，将会是人类智慧的"容器"。人工智能可以对人的意识、思维的信息加工过程进行模拟。为培养和塑造更多人工智能技术人才，在本书编写过程中，企业专家和高校教师经过深入调研和探讨，精选了部分经典案例和流行工具，采用"教学做"一体的模式，将人工智能知识通过本书呈现给各位读者。

本书由董彧先主编并负责规划和统筹，迟俊鸿、秦武担任副主编，苏敏、赵春东、刘淼、张革华、臧宝升老师参加了编写和审校工作。

由于编者水平有限，时间仓促，书中错误在所难免，恳切希望读者批评指正。联系方式：934978155@qq.com，QQ：934978155。

编　者

2021 年 7 月

目　录

项目1 人工智能概论

微课+课件

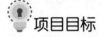项目目标

1. 掌握人工智能的概念。
2. 理解强人工智能与弱人工智能的区别。
3. 了解人工智能技术的发展历史。
4. 掌握人工智能的研究和应用。
5. 了解相关领域人工智能技术的应用。
6. 了解人工智能时代提供的岗位和对人才的需求。

项目导读

作为计算机科学的一个分支，人工智能（artificial intelligence，AI）是研究、开发用于模拟、延伸和扩展人的智能的理论、方法、技术及应用系统的一门新的技术科学，是一门自然科学、社会科学和技术科学交叉的边缘学科，它涉及的学科内容包括哲学、认知科学、数学、神经生理学、心理学、计算机科学、信息论、控制论、不定性论、仿生学等。

人工智能试图了解智能的实质，并生产出一种新的能以与人类智能相似的方式做出反应的智能机器。人工智能的研究范畴包括自然语言学习与处理、知识表现、智能搜索、推理、规划、机器学习、知识获取、组合调度、感知、模式识别、逻辑程序设计、软计算、神经网络、复杂系统、遗传算法、人类思维方式等。一般认为，人工智能最关键的难题还是机器自主创造性思维能力的塑造与提升。

学习笔记

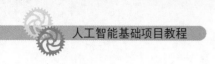

项目实施

任务 1.1　人工智能的概念

人工智能自诞生以来，其理论和技术日益成熟，应用领域也不断扩大，可以设想，未来人工智能带来的科技产品将会是人类智慧的"容器"。人工智能是对人的意识、思维的信息加工过程的模拟。人工智能不是人的智能，但能像人那样思考，甚至也可能超过人的智能。因此，人工智能是一门极富挑战性的科学。

1.1.1　人工智能的定义

人工智能的定义可分为两部分，即"人工"和"智能"。

"人工"比较好理解，有时我们也会进一步考虑什么是人力所能及制造的，或者人自身的智能程度有没有高到可以创造人工智能的地步等。

至于什么是"智能"，这个问题就复杂多了，它涉及诸如意识、自我、思维（包括无意识的思维）等问题。事实上，人类唯一了解的智能是人本身的智能，但我们对自身智能的理解受限，对构成人的智能的必要元素也了解有限，很难准确定义出什么是"人工"制造的"智能"。因此，人工智能的研究往往涉及对人的智能本身的研究（图1-1），其他关于动物或人造系统的智能也普遍被认为是与人工智能相关的研究课题。

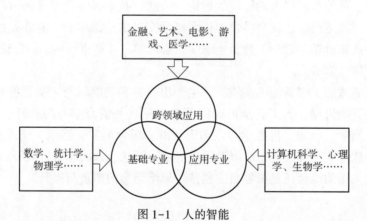

图 1-1　人的智能

20世纪70年代以来，人工智能被称为是世界三大尖端技术（空间技术、能源技术、人工智能）之一，也被认为是21世纪三大尖端技术（基因工程、纳米科学、人工智能）之一。近30年来，该技术发展迅速，在很多学科领域都获得了广泛应用，并取得了丰硕的成果。

人工智能与思维科学的关系是实践和理论的关系，人工智能是思维科学技术应用层次的一个分支。从思维观点看，人工智能不能仅局限于逻辑思维，也要考虑形象思维、灵感思维，只有这样才能促进人工智能取得突破性发展。

1.1.2　强人工智能与弱人工智能

就其本质而言，人工智能是对人的思维信息过程的模拟。对于人的思维模拟可以从两个方面进行：一是结构模拟，仿照人脑的结构机制，制造出"类人脑"的机器；二是功能模拟，暂时撇开人脑的内部结构，从其功能过程进行模拟。现代电子计算机的产生便是对人脑思维功能的模拟，是对人脑思维的信息过程的模拟。

强人工智能（bottom-up AI），又称多元智能，大多数研究人员希望他们的研究最终被纳入多元智能，因为其结合了所有的技能并且具有超越大部分人类的能力。有些人认为要达成此目标，可能需要拟人化的特性，如人工意识或人工大脑。这些问题被认为体现了人工智能完整性：为了解决其中一个问题，必须解决全部的问题。对一个简单和特定的任务而言，如机器翻译，要求机器按照作者的论点（推理），知道什么是被人谈论（知识），忠实地再现作者的意图（情感计算），因此，机器翻译被认为具有人工智能完整性。

强人工智能的观点认为有可能制造出真正能推理和解决问题的智能机器，并且这样的机器将被认为是有知觉的、有自我意识的。强人工智能分为两大类：

（1）类人的人工智能，即机器的思考和推理就像人的思维一样；

（2）非类人的人工智能，即机器产生了和人完全不一样的知觉和意识，使用和人完全不一样的推理方式。

弱人工智能（top-down AI）的观点认为不可能制造出真正能推理和解决问题的智能机器，这些机器只不过是看起来像是智能的，但并不真正拥有智能，也不会有自主意识。如今主流的研究活动都集中在弱人工智能上，并且这一领域的研究已经取得可观的成就，而强人工智能的研究还处于停滞不前的状态。

学习笔记

任务 1.2　人工智能发展历史

科学家已经制造出了汽车、火车、飞机、收音机等技术系统，它们模仿并拓展了人类身体器官的功能。但是，技术系统能不能模仿人类大脑的功能呢？截至目前，也仅仅知道人脑是由数十亿个神经细胞组成的器官（图1-2），我们对它还知之甚少。

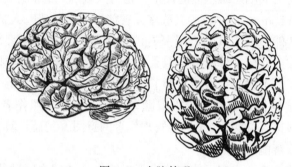

图1-2　人脑外观

1.2.1　电子计算机

电子计算机通称电脑，简称计算机，是一种通用的信息处理机器，它能执行可以详细描述的任何过程。用于描述解决特定问题的步骤序列称为算法，算法可以变成软件（程序），确定硬件（物理机）能做什么和做了什么。创建软件的过程称为编程。

几乎每个人都用过计算机，人们玩计算机游戏，或用计算机写文章、在线购物、听音乐或通过社交媒体与朋友联系。计算机被用于预测天气、设计飞机、制作电影、经营企业、完成金融交易和控制生产等。

世界上第一台通用电子数字计算机ENIAC诞生于1946年，中国第一台电子计算机诞生于1958年。在2020年6月23日发布的全球超级计算机500强榜单中，中国入围的超级计算机数量为226台，总体份额占比超过45%，位列世界第一。

但是，电子计算机到底是什么机器？一个计算设备怎么能执行这么多不同的任务？现代电子计算机被定义为"在可改变的程序控制下，存储和操纵信息的机器"。该定义主要包括以下2个关键要素。

（1）电子计算机是用于操纵信息的设备。这意味着我们可以将信息输入电子计算机，电子计算机将信息转换为新的、有用的形式，然后输出或显示信息。

（2）电子计算机在可改变的程序控制下运行。电子计算机不是唯一能操纵信息的机器。当使用简单的计算器来运算一组数字时，就是在输入信息（数字）、处理信息（如计算连续数字的总和），然后显示信息。另一个简单的例子是在用油泵给油箱加油时，油泵将某些输入（当前每升汽油的价格和来自传感器的信号、汽油流入汽车油箱的速率）转换为加了多少汽油和应付多少钱等信息。但计算器或油泵并不是完整的电子计算机，尽管这些设备实际上可能包含有嵌入式计算机（芯片），但与电子计算机不同，它们被构建为执行单个特定任务。

1.2.2　人工智能学科的诞生

电子计算机的出现使信息存储和处理的各个方面都发生了变革，计算机理论的发展产生了计算机科学并最终促使人工智能的出现。电子计算机这个用电子方式处理数据的发明，为人工智能的可能实现提供了一种媒介。

人工智能的传说甚至可以追溯到古埃及，但随着 1946 年电子计算机的出现，才开始真正有了一个可以模拟人类思维的工具，直到现在，无数科学家为实现这个目标而努力着。如今，全世界几乎所有大学的计算机系/学院都有人在研究这门学科，计算机、软件工程、电子信息、自动化等许多专业的大学生也都开始学习相关课程，在研究人员不懈的努力下，现代计算机似乎已经变得十分聪明了。

1997 年 5 月，IBM 公司研制的深蓝计算机战胜了国际象棋大师卡斯帕罗夫，这是人工智能技术优势的一次完美表现。大家或许不会注意到，在一些地方，计算机正在帮助人们从事曾经只属于人类的工作，计算机因其高速和准确的特性发挥着重要作用。

我国政府及社会各界都高度重视人工智能学科的发展。2017 年 12 月，人工智能入选 "2017 年度中国媒体十大流行语"。2019 年 6 月 17 日，国家新一代人工智能治理专业委员会发布《新一代人工智能治理原则——发展负责任的人工智能》，提出了人工智能治理的框架和行动指南。

1.2.3　人工智能的发展历程

事实上，人工智能学科 60 余年的发展历程还是颇具坎坷的，大致可划分为 6 个阶段（图 1-3）。

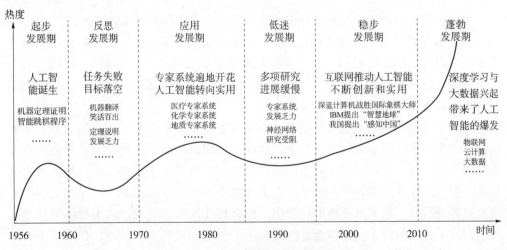

图 1-3　人工智能的发展历程

（1）起步发展期：20 世纪 50 年代中至 60 年代初。人工智能概念在 1956 年被首次提出后，相继取得了一批令人瞩目的研究成果，如机器定理证明、智能跳棋程序、Lisp 表处理语言等，掀起了人工智能发展的第一个高潮。

（2）反思发展期：20 世纪 60 年代初至 70 年代初。发展初期的突破性进展大大提升了人们对人工智能的期望，人们开始尝试更具挑战性的任务，并提出了一些不切实际的研发目标。然而，接二连三的失败和预期目标的落空（例如无法用机器证明两个连续函数之和仍是连续函数、机器翻译闹出笑话等），使人工智能的发展走入了低谷。

（3）应用发展期：20 世纪 70 年代初至 80 年代中。20 世纪 70 年代出现的专家系统模拟人类专家的知识和经验解决特定领域的问题，实现了人工智能从理论研究走向实际应用、从一般推理策略探讨转向运用专门知识的重大突破。专家系统在医疗、化学、地质等领域取得成功，推动人工智能走入了应用发展的新高潮。

（4）低迷发展期：20 世纪 80 年代中至 90 年代中。随着人工智能的应用规模不断扩大，专家系统存在的应用领域狭窄、缺乏常识性知识、知识获取困难、推理方法单一、缺乏分布式功能、难以与现有数据库兼容等问题逐渐暴露出来。

（5）稳步发展期：20 世纪 90 年代中至 2010 年。由于网络特别是互联网技术的发展，信息与数据的汇聚不断加速，互联网应用的不断普及加速了人工智能的创新研究，促使人工智能技术进一步走向实用化。

（6）蓬勃发展期：2011 年至今。随着互联网、物联网、云计算、大数据等信息技术的发展，泛在感知数据和图形处理器（graphics processing unit，GPU）等计算平台推动了以深度神经网络为代表的人工智能技术的飞速发展，大幅跨越科学与应用之间的"技术鸿沟"，图像分类、语音识别、知识问答、人机对弈、无人驾驶等具有广阔应用前景的人工智能技术突破了从"不能用、不好用"到"可以用"的技术瓶颈，人工智能发展迎来爆发式增长的新高潮。

1. 2. 4　人工智能产生的必然性

人工智能技术的发展反映了科技发展的要求，它的产生有其必然性。

（1）人工智能是工具进化的结果。与以前的劳动工具相比，人工智能的进步之一是它可以对大脑进行模拟。人工智能技术超越以往的技术，推动了科技的发展。人工智能比以前的工具吸收了更多的肢体功能，它高度模仿人类技能，拟人性强，具有拟人装置的特征。

（2）人工智能响应科技发展的要求。人工智能的传播产生了许多新行业，它们的发展速度和模式超越了以前。在生产过程中应用的任何重大科学与技术创新都需要发展生产工具、设施、工人和生产管理方法，从而进一步提高科技、扩大能力和提高人类在改变客观世界中的效率。人工智能作为一种辅助工具，其作用是协助人类重建客观世界，最大限度地提高效率，符合科技发展的要求。人工智能的快速发展，解放了人类的智能、身体能量等，提高了管理和机器生产效率，扩大了工人的实际工作领域，从而加速了科技发展。

任务1.3　人工智能的研究

最初，繁重的科学和工程计算是要人脑来承担的，如今计算机不但能完成这种计算，而且能够比人脑做得更快、更准确，因此，人们已不再把这种计算看作是"需要人类智能才能完成的复杂任务"。可见，复杂任务的定义是随着时代的发展和技术的进步而变化的，人工智能这门科学的具体目标也自然随着时代的变化而发展。它一方面不断获得新的进展，另一方面又转向更有意义、更加困难的目标。

1.3.1　人工智能的研究领域

人工智能的研究领域极为广泛，涉及人类创造所需要的诸如数学、物理、信息科学、心理学、生理学、医学、语言学、逻辑学及经济、法律、哲学等重要学科。人工智能的应用领域也分布广泛，主要包括知识发现、自动推理和搜索方法、机器学习、深度学习、自然语言处理、计算机视觉、智能机器人、自动程序设计、数据挖掘等方面（图1-4）。

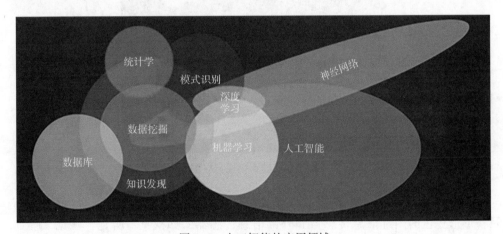

图1-4　人工智能的应用领域

（1）深度学习。基于现有数据进行学习操作，是机器学习研究中一个新的领域，其动机在于建立模拟人脑进行分析学习的神经网络，模仿人脑的机制来解释数据，如图像、声音和文本（图1-5）。

（2）自然语言处理。指用自然语言与计算机进行通信的一种技术，是人工智能的分支学科。它研究用计算机模拟人的语言交际过程，使计算机能理解和运用人类社会的自然语言，如汉语、英语等，实现人机之间的自然语言通信，以代替人的部分脑力劳动，包括查询资料、解答问题、摘录文献、汇编资料及一切有关自然语言信息的加工处理过程。例如，生活中电话机器人的核心技术之一就是自然语言处理。

图1-5 神经网络与深度学习

（3）计算机视觉。指用摄影机和计算机等各种成像系统代替人眼（视觉器官）对目标进行识别、跟踪和测量，并进一步做图形处理，使处理后的图像更适合人眼观察或仪器检测。计算机视觉应用的实例有很多，包括用于控制过程、导航、自动检测等方面（图1-6）。

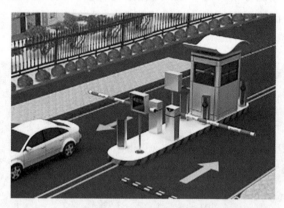

图1-6 计算机视觉应用

（4）智能机器人（图1-7）。如今我们的身边逐渐出现很多智能机器人，它们具备形形色色的内部信息传感器和外部信息传感器，如视觉、听觉、触觉、嗅觉。除了具有感受器外，它们还有效应器，作为作用于周围环境的手段。这些机器人都离不开人工智能的技术支持。

科学家们认为，智能机器人的研发方向是给机器人装上"大脑芯片"，从而使其智能性更强，在认知学习、自动组织、对模糊信息的综合处理等方面将会前进一大步。

（5）自动程序设计。指根据给定问题的原始描述，自动生成满足要求的程序。它是软件工程和人工智能相结合的研究课题。自动程序设计主要包含程序综合和程序验证两方面内容。前者实现自动编程，即用户只需告知机器"做什么"，无须告诉"怎么做"，后一步的工作由机器自动完成；后者是程序的自动验证，自动完成正确性检查，其目的是提高软件生产率和软件产品质量。该研究的重大贡献之一，是把程序调试的概念作为问题求解的策略来使用。

图 1-7　智能机器人

（6）数据挖掘。指从大量数据中通过算法搜索隐藏于其中的信息的过程。它通常与计算机科学有关，并通过统计、在线分析处理、情报检索、机器学习、专家系统（依靠过去的经验法则）和模式识别等诸多方法来实现上述目标。它的分析方法包括分类、估计、预测、相关性分组或关联规则、聚类和复杂数据类型挖掘。

人工智能技术的三大结合领域分别是大数据、物联网和边缘计算（云计算）。经过多年的发展，大数据在技术体系上已经趋于成熟，人工智能领域的机器学习也是大数据分析比较常见的方式。物联网是人工智能的基础，也是未来智能体重要的落地应用场景，所以学习人工智能技术也离不开物联网知识。人工智能领域的研发对于数学基础的要求比较高，具有扎实的数学基础对于掌握人工智能技术很有帮助。

1.3.2　人工智能在计算机上的实现方法

人工智能在计算机上实现时有两种不同的方式，为了得到相同的智能效果，两种方式通常都可使用。

（1）采用传统的编程技术，使系统呈现智能的效果，而不考虑所用方法是否与人或生物机体所用的方法相同。这种方法称为工程学方法，它已在一些领域内做出了成果，如文字识别、计算机下棋等。

（2）模拟法，它不仅要看效果，还要求实现方法和人类或生物机体所用的方法相同或类似。遗传算法和人工神经网络（ANN）均属于这个类型。遗传算法模拟人类或生物的遗传进化机制，人工神经网络则是模拟人类或动物大脑中神经细胞的活动方式。

任务 1.4　人工智能的应用领域

随着人工智能技术研究与应用的持续和深入发展，人工智能对传统行业的带动效应已经显现，AI+的系列应用生态正在形成。人工智能已广泛应用到制造、医疗、交通、家居、安防、网络安全等多个领域。

（1）智能制造（图1-8）。我国在快速发展的网络信息技术和先进制造技术推动下，制造业智能化水平大幅提高，我国自主研发的多功能传感器、智能控制系统已逐步达到世界先进水平。

图 1-8　智能制造

（2）智慧医疗。人工智能技术已经逐渐应用于药物研发、医学影像、辅助治疗、健康管理、基因检测、智慧医院（图1-9）等领域。其中，药物研发的市场份额最大，利用人工智能可大幅缩短药物研发周期，降低成本。

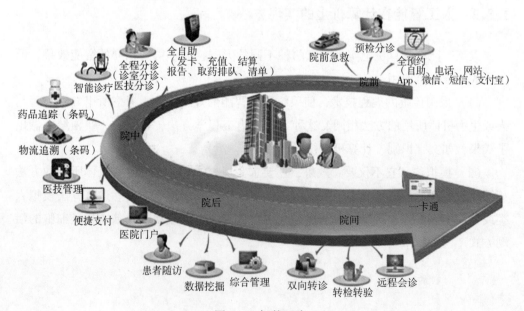

图 1-9　智慧医院

（3）智能交通（图 1-10）。我国的智能交通发展正处于基础建设阶段，正在向智能化服务方向发展。

图 1-10　智能交通

（4）智能家居（图 1-11）。从终端产品智能化水平来看，我国智能家居处于单品智能化阶段，正在向跨产品互动化迈进。

图 1-11　智能家居

（5）智慧安防（图 1-12）。我国的海康威视和大华股份在 2021 年发布的全球安防市场 2020 年销售收入排行榜分别位列第一和第二。

图 1-12　智慧安防监控

（6）智慧网络安全。全球网络发展空间巨大，我国亟须建立集大数据、人工智能等技术于一体的智能网络安全系统，突破网络安全领域的人工智能技术瓶颈，以应对未来网络安全带来的威胁和挑战。

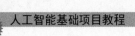 学习笔记

任务1.5　人工智能时代需要的人才

毫无疑问，人工智能已经走进我们的生活，成为推动社会进步的重要力量。那么在人工智能时代，人才需求在哪些岗位？需要什么样的人才？如何成为人工智能时代需要的人才？

1.5.1　人工智能时代的工作岗位

现代社会发展很快，很多物联网智能化应用场景都出现在现代生活中，如在学校、地铁、商业街等地方，智能化场景无处不在。机器人便是人工智能领域最杰出的作品，如安保机器人、舞蹈机器人、银行机器人客服、机器人保姆、仓库机器人等。人工智能机器人快速发展，甚至取代了很多传统岗位，所以要想不被时代淘汰，就必须终身学习，不断研究生存技能，不断前进，才会有更好的生活。

1.5.2　未来的五个重要岗位

调查表明，由于人工智能的兴起，未来的工作将发生改变，已经有不少新的就业机会/职业岗位被创造出来。在这些与人工智能相关的岗位中，最常见的是人工智能软件工程师。同时，其他技术水平较低，与人工智能关系不是那么直接的岗位也在不断涌现。例如机器人撰稿人，他们专门撰写用于机器人和其他会话界面的对话；用户体验设计师，相关工作主要产生于智能音箱和虚拟个人助理这样的新兴市场；研究知识产权系统的律师及报道人工智能的记者，这些岗位的需求也在增多。

有研究报告指出，尽管人工智能技术将取代人类部分现有的工作岗位，但同时也将创造出新的就业岗位。预测表明，与过去所有的其他颠覆性技术一样，人工智能将为人们带来许多新的就业机会。

得益于人工智能技术的兴起，以下五个行业岗位呈现出显著的增长趋势。

（1）数据科学家。属于分析型数据专家中的一个新类别，他们通过对数据进行分析来了解复杂的行为、趋势和推论，发掘隐藏的一些见解，帮助企业做出更明智的业务决策。数据科学家是"部分数学家、部分计算机科学家和部分趋势科学家的集合体"。

由于人工智能推动了创造和收集数据的发展，所以未来对于数据科学家的需求也将日益增加。

（2）机器学习工程师。大多数情况下，机器学习工程师都是与数据科学家合作进行各自工作的。因此，对于机器学习工程师的需求可能也会出现类似于数据科学家需求增长的趋势。数据科学家在统计和分析方面具有更强的技能，而机器学习工程师则应该具备计算机科学方面的专业知识，他们通常需要更强大的编程能力。

现在，每个行业都希望能应用人工智能技术，对于机器学习专业知识的需求也就无处不在，因此，人工智能也将继续推动社会对于机器学习工程师高需求趋势的发展。

（3）数据标签专业人员。随着数据收集几乎在每个领域实现普及，数据标签专业人员的需求也将在未来呈现激增之势。

（4）AI 硬件专家。人工智能领域内另外一种需求日益增长的工作是负责 AI 硬件（如 GPU 芯片）的工业操作。

（5）数据保护专家。由于有价值的数据、机器学习模型和代码不断增加，未来也会出现对于数据保护的需求，因此也就会产生对于数据保护专家的需求。

信息安全控制的许多层面和类型都适用于数据库，包括：访问控制、审计、认证、加密、整合控制、备份、应用安全和数据库安全应用统计方法。

数据库在很大程度上是通过网络安全措施（如防火墙和基于网络的入侵检测系统）来抵御外界攻击的，保护数据库系统及其中的程序、功能和数据的安全这一工作将变得越来越重要。

 学习笔记

◢ 课后习题

1. 作为计算机科学的一个分支，人工智能的英文缩写是（   ）。
A. CPU　　　　　B. AI　　　　　C. BI　　　　　D. DI

2. 人工智能是研究、开发用于模拟、延伸和扩展人的智能的理论、方法、技术及应用系统的一门交叉科学，它涉及（   ）。
A. 自然科学　　　B. 社会科学　　　C. 技术科学　　　D. A、B 和 C

3. 人工智能定义中的"智能"，涉及诸如（   ）等问题。
A. B、C 和 D　　　B. 意识　　　C. 自我　　　D. 思维

4. 下列关于人工智能的说法不正确的是（   ）。
A. 人工智能是关于知识的学科——怎样表示知识及怎样获得知识并使用知识的科学
B. 人工智能就是研究如何使计算机去做过去只有人才能做的智能工作
C. 自 1946 年以来，人工智能学科经过多年的发展，已经趋于成熟，得到充分应用
D. 人工智能不是人的智能，但能像人那样思考，甚至也可能超过人的智能

5. 人工智能经常被称为世界三大尖端技术之一，下列说法中错误的是（   ）。
A. 三大尖端技术是指空间技术、能源技术、人工智能
B. 三大尖端技术是指管理技术、工程技术、人工智能
C. 三大尖端技术是指基因工程、纳米科学、人工智能
D. 人工智能已成为一个独立的学科分支，无论在理论和实践上都已自成系统

6. 人工智能与思维科学的关系是实践和理论的关系。从思维观点看，人工智能不包括（   ）。
A. 直觉思维　　　B. 逻辑思维　　　C. 形象思维　　　D. 灵感思维

7. 强人工智能强调人工智能的完整性，下列（   ）不属于强人工智能。
A. （类人）机器的思考和推理就像人的思维一样
B. （非类人）机器产生了和人完全不一样的知觉与意识
C. 看起来像是智能的，其实并不真正拥有智能，也不会有自主意识
D. 有可能制造出真正能推理和解决问题的智能机器

8. 计算机的出现使信息存储和处理的各个方面都发生了变革。下列说法中不正确的是（   ）。
A. 计算机是用于操纵信息的设备
B. 计算机在可改变的程序的控制下运行
C. 人工智能技术是后计算机时代的先进工具
D. 计算机这个用电子方式处理数据的发明，为实现人工智能提供了一种媒介

9. 用来研究人工智能的主要物质基础及能够实现人工智能技术平台的机器就是

计算机。下列（　　　）不是人工智能研究的主要领域。

　　A. 深度学习　　　　　　B. 计算机视觉　　　　　C. 智能机器人　　　D. 人文地理

10. 人工智能在计算机上的实现方法有多种，但下列（　　　）不属于其中。

　　A. 传统的编程技术，使系统呈现智能的效果

　　B. 多媒体复制和粘贴的方法

　　C. 传统开发方法而不考虑所用方法是否与人或生物机体所用的方法相同

　　D. 模拟法，不仅要看效果，还要求实现方法也和人类或生物机体所用的方法相同或相类似

11. 通过总结人工智能发展历程中的经验和教训，可以得到的启示是（　　　）。

　　A. 尊重发展规律是推动学科健康发展的前提，实事求是地设定发展目标是制定学科发展规划的基本原则

　　B. 基础研究是学科可持续发展的基石

　　C. 应用需求是科技创新的不竭之源，学科交叉是创新突破的"捷径"，宽容失败是支持创新的题中应有之义

　　D. A、B 和 C

12. 得益于人工智能技术的兴起，一些行业岗位将呈现出显著的增长趋势，但下面（　　　）不属于其中之一。

　　A. 数据科学家　　　　　　　　　　　　B. 机器学习工程师

　　C. 计算机维修工程师　　　　　　　　　D. AI 硬件专家

项目 2　人工智能数据预处理

微课+课件

 项目目标

1. 了解轨道交通行业大数据技术的应用。
2. 掌握大数据预处理的过程。
3. 理解大数据预处理的方法和大数据与人工智能的关系。

项目导读

　　人工智能的过程可以分为三部分：数据处理、智能运算和执行输出。其中人工智能系统的数据处理就是对大量的数据进行采集、分析、学习，从中获取所要的知识，人工智能再根据这些知识进行智能运算。人工智能系统数据处理的结果直接影响整个人工智能的效果。当今人工智能处理的数据对象主要是大数据，因此大数据技术在人工智能系统中起到至关重要的作用。

学习笔记

⊙ 项目实施

任务 2.1　春运里的大数据

随着互联网时代的到来，"大数据"一词被广泛提及。大数据是一种规模大到在获取、存储、管理、分析方面大大超出了传统数据库软件处理能力范围的数据集合，具有海量的数据规模、快速的数据流转、多样的数据类型和价值密度低四大特征。

当新春佳节到来之际，春运也进入最繁忙的时刻。通过春运大数据，可以看到春运和人们过节的方式正在改变。

图 2-1 是利用大数据技术得到的与春运相关的热词。图 2-2 展现的是 2020 年春运旅客出发量和到达量最多的城市。

火车票　京沪高铁
高铁　捡漏　检票　购票时间表
安检　12306
代售点　火车站　自动售票机
临客　预售　卧铺

图 2-1　春运相关热词

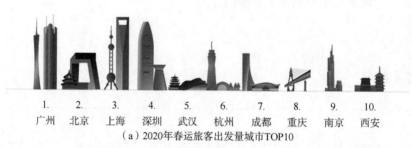

1.　2.　3.　4.　5.　6.　7.　8.　9.　10.
广州　北京　上海　深圳　武汉　杭州　成都　重庆　南京　西安
（a）2020年春运旅客出发量城市TOP10

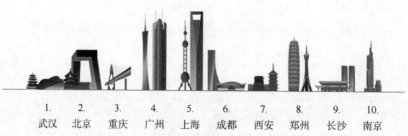

1.　2.　3.　4.　5.　6.　7.　8.　9.　10.
武汉　北京　重庆　广州　上海　成都　西安　郑州　长沙　南京
（b）2020年春运旅客到达量城市TOP10

图 2-2　2020 年春运旅客出发量和到达量城市 TOP10

图 2-3 是利用大数据得到的 2020 年春运客流分布趋势。

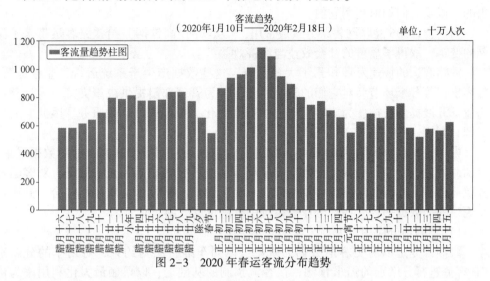

图 2-3 2020 年春运客流分布趋势

近几年来，"反向春运"的热度持续提升，通过春运大数据，智能系统筛选出 2020 年"反向春运"的十大热门目的地，如图 2-4 所示。

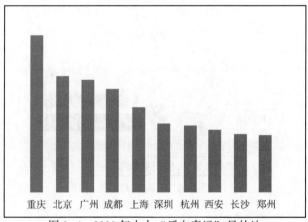

图 2-4 2020 年十大"反向春运"目的地

图 2-5 是 2020 年春运期间全国最受关注的火车站排名。

排名	热门火车站	所在城市
1	广州南	广州
2	上海虹桥	上海
3	成都东	成都
4	杭州东	杭州
5	北京西	北京
6	北京南	北京
7	深圳北	深圳
8	重庆北	重庆
9	南京南	南京
10	西安北	西安

图 2-5 2020 年春运期间全国最受关注的火车站

当各种各样的统计图表展现在我们面前时，我们不禁会好奇这些图表是如何得出的，以及人们如何利用它们。

当前，12306互联网售票方式最常用，"互联网+高铁网"给铁路客运带来了深刻的变革，取得了显著的社会效益与经济效益。

铁路客运的快速发展积累了大量数据，这些数据产生于系统运行、业务运营、旅客出行等各个环节，对它们的整合和分析可为管理部门提供决策支持，为运营部门业务开展提供支撑，为旅客用户提供更个性化、更好的社会化服务。因此，充分发掘和利用这些数据资产，可产生巨大的价值。

中国铁路客票团队从2012年开始进行大数据的应用技术研究，针对数据采集、存储、处理、共享、可视化及数据安全等方面进行技术积累和人才储备，对客运业务及运营需求进行数据归类、模型建立和经验总结，将技术与应用相结合，并搭建小规模的大数据平台，在部分业务系统中开展试点应用。

1）票额预分应用

票额预分是以历史客运数据为基础，以列车运行图为约束，对列车的分席别OD客流进行分席别的需求预测，在客流预测的基础上，以票额最大化利用率为优化目标实施的售票组织策略。图2-6展现了客流预测的结果。

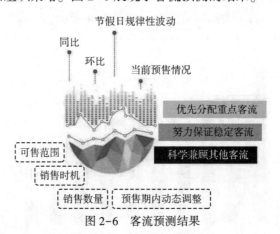

图2-6　客流预测结果

2）铁路旅客用户画像系统

用户画像系统对现实生活中的用户行为进行数据建模，以不同的数据维度对用户进行刻画。通过对用户的人口属性、行为偏好等主要信息进行建模分析，从而抽象出能够让人理解的语义标签，通过标签来形成一个用户的信息全貌，为进一步分析和利用这些信息提供数据基础。

用户画像即用户信息标签化，即通过对汇聚的海量用户数据进行分析挖掘，形成每个用户的特征标签集合，并对外提供基于用户特征标签的数据服务的过程。铁路旅客用户画像系统利用旅客出行和交易信息，通过数据建模实现标签化。

铁路旅客用户画像系统通过对铁路用户的行为数据、交易数据等进行采集、加工和分析，形成用户精准画像数据，为旅客提供精准服务推荐和个性化的客运服务，对内可提升铁路客户服务能力和行业核心竞争力，对外用以支撑精准广告投放及开展数据增值服务。图2-7所示的是一个铁路旅客用户画像系统的标签体系。

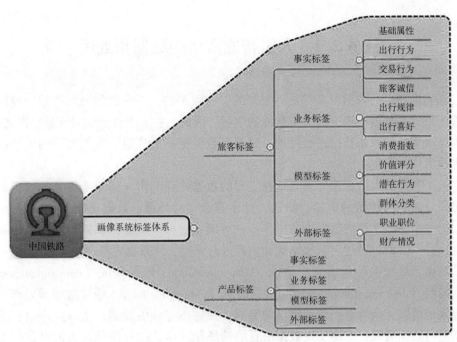

图 2-7 铁路旅客用户画像系统的标签体系

学习笔记

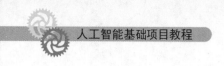

任务 2.2　人工智能常用的数据预处理

现实世界中的数据很多都是不完整的、有噪声的、不一致的原始数据，导致无法直接将这些数据拿来进行人工智能的学习。因此，在人工智能学习大量数据之前，必须先将大量的原始数据进行处理，以提高数据挖掘的质量。人工智能的大数据预处理技术应运而生。

人工智能的大数据预处理是指在主要的数据处理工作（如对所收集的数据进行分类或分组）前所做的审核、筛选、排序等必要的处理。数据预处理是数据分析、挖掘前一个非常重要的数据准备工作。一方面，它可以保证挖掘数据的正确性和有效性；另一方面，通过对数据格式和内容进行调整，使数据更符合挖掘的需要。

数据预处理主要包括数据清洗（data cleaning）、数据集成（data integration）、数据转换（data transformation）和数据消减（data reduction）。通过这些预处理，可以有效地清除冗余数据，纠正错误的数据，完善不完整的数据，从而甄选出有用的数据进行数据集成，最终实现数据信息的精练化、格式的一致化及数据存储的集中化。这些数据预处理方法一般在数据挖掘之前使用，在更可靠、更精确的较小数据集上进行数据的挖掘工作，能够减小数据挖掘的开销，提高数据挖掘的效率。

2.2.1　大数据预处理整体架构

大数据预处理将数据主要分为结构化数据和半结构化/非结构化数据两种，分别采用传统 ETL 工具和分布式并行处理框架来实现。大数据预处理的整体架构如图 2-8 所示。

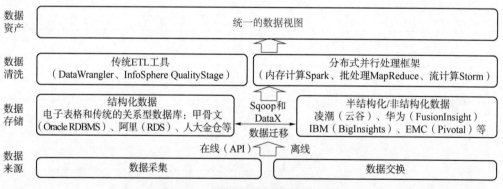

图 2-8　大数据预处理的整体架构

结构化数据一般存储在传统的关系型数据库中，它能够较好地处理事务、及时响应和保证数据的一致性；而半结构化/非结构化数据一般存储于分布式存储系统中，它在系统的存储成本、文件读取速度方面有着明显的优势。以上两类数据之间能够按照数据处理需求进行迁移。例如，为了进行快速并行处理，需要将传统关系型数据库中的结构化数据导入到分布式数据库中，可以采用 Sqoop 等工具，首先将关系型数据库的表结构导入到分布式数据库中，然后再向分布式数据库的表中导入结构化数据。

2.2.2　数据质量问题分类

在数据清洗过程中，在对多个维度、多个来源和多种结构的数据进行汇聚后，再对数据进行抽取、转换与集成。在这个过程中，除了更正、修复系统中的错误数据外，更多的是对数据进行归并、整理，并储存到新的存储介质中。其中，数据质量问题至关重要。

常见的数据质量问题，可根据数据源的多少、所属层次（定义层和实例层）分为以下四大类，如图 2-9 所示。

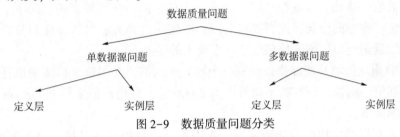

图 2-9　数据质量问题分类

（1）单数据源定义层：违背字段约束条件，如日期出现 6 月 31 日；违反唯一性，如同一个主键的 ID 出现了多次；字段属性依赖冲突，如两条记录描述同一个人的某一个属性，但数值不一致等。

（2）单数据源实例层：单个属性值含有过多错误信息，如拼写错误、存在空白值、存在噪声数据、数据重复和数据过时等。

（3）多数据源定义层：同一个实体的字段名不一致，如 custom_id、custom_num；同一个属性的不同定义，如字段长度的定义不一致、字段类型不一致等。

（4）多数据源实例层：数据的维度、粒度不一致，数据重复和拼写错误等。

除此之外，在数据处理过程中产生的"二次数据"也存在噪声、重复或错误的情况。在数据调整与清洗过程中，也会涉及格式、测量单位和数据标准化等相关事宜，导致对实验结果产生较大的影响。

2.2.3　数据预处理的方法

1. 数据清洗

数据清洗，是指对数据进行重新审查和校验的过程，通过分析原始数据产生的原因和存在形式，构建数据清洗的模型和算法完成原始数据的清除，继而实现将不符合要求的数据转化成满足数据质量或应用要求的数据，提高数据集的数据质量。

数据清洗的主要内容包括消除异常数据、清除重复数据、保证数据的完整性等，

目的就是获得高质量的数据，进而提高数据的可利用性，因此进行一定的数据清洗对数据处理是十分必要的。

1）遗漏数据处理

假设在分析旅客退票的数据时，发现有多个记录的属性值为空，如顾客的income属性。针对这种情况，可采用以下方法进行遗漏数据的处理。

（1）直接忽略该条记录。如果一条记录中有属性值被遗漏了，则将此条记录直接排除，尤其是在没有类别属性值但又要进行分类数据挖掘时。但是，当出现遗漏的属性值的记录数量占比较大时，这种方法并不是很有效。

（2）手工填补遗漏值。该方法比较耗时，尤其是对于存在许多遗漏情况的大规模数据集的情况，可行性较差。

（3）利用默认值填补遗漏值。对一个属性的所有遗漏的值，都默认使用一个事先确定好的值来填补，如填补"0"。但在一个属性的遗漏值较多的情况下，若还采用这种方法，将可能会误导挖掘进程。因此在使用这种方法时，需仔细分析填补后的影响，尽量避免对最终的挖掘结果产生较大的误差。

（4）利用均值填补遗漏值。计算一个属性平均值，并用该平均值来填补该属性的所有遗漏值。例如，顾客的平均收入为5 000元，则用该值来填补income属性中所有被遗漏的值。

（5）利用同类别均值填补遗漏值。在进行分类数据挖掘时适合使用该种方法。例如，若要对商场顾客按信用风险进行分类挖掘，就可以使用在同一信用风险类别下的income属性的平均值，来填补所有在同一信用风险类别下income属性的遗漏值。

（6）利用最可能的值填补遗漏值。可以利用回归分析、贝叶斯计算公式或者决策树等方法推断出该条记录特定属性的最有可能的取值。例如，利用数据集中其他顾客的属性值，可以构造一个决策树来预测income属性的遗漏值。该方法较为常用，与其他方法相比，它能够最大限度地利用当前数据所包含的信息来协助预测所遗漏的数据。

2）噪声数据处理

噪声数据是指数据中存在错误或异常（偏离期望值）的数据，是被测变量的一个随机错误和变化。噪声数据的产生原因主要有：数据采集设备有问题、在数据录入过程发生了人为或计算机错误、数据传输过程中发生错误、由于命名规则或数据代码不同而引起的不一致。

常用的平滑去噪的具体方法有Bin方法、聚类分析方法和回归方法。

（1）Bin方法。

Bin方法通过利用应被平滑数据点的周围点（近邻），对一组排序数据进行平滑。排序后的数据被分配到若干桶（称为Bins）中。如图2-10所示，对Bin的划分方法一般有两种：一种是等高方法，即每个Bin中元素的个数相等；另一种是等宽方法，即每个Bin的取值间距（左右边界之差）相同。

图2-11举例描述了利用Bin方法平滑去噪的过程。首先，对价格数据进行排

序；然后，将其划分为若干等高度的 Bin，即每个 Bin 包含 3 个数值；最后，既可以利用每个 Bin 的均值进行平滑，也可以利用每个 Bin 的边界进行平滑。在利用均值进行平滑时，第一个 Bin 中的 4、8、15 均用该 Bin 的均值替换；在利用边界进行平滑时，对于给定的 Bin，其最大值与最小值就构成了该 Bin 的边界，利用每个 Bin 的边界值（最大值或最小值）可替换该 Bin 中的所有值。一般来说，每个 Bin 的宽度越宽，其平滑效果越明显。

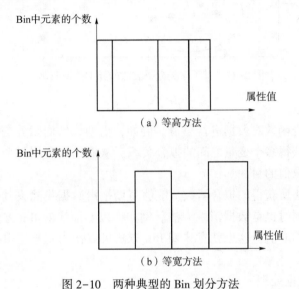

图 2-10 两种典型的 Bin 划分方法

图 2-11 利用 Bin 方法平滑去噪的过程

（2）聚类分析方法。

通过聚类分析方法可帮助发现异常数据。相似或相邻近的数据聚合在一起形成了各个聚类集合，而那些位于这些聚类集合之外的数据对象，自然而然就被认为是异常数据，如图 2-12 所示。

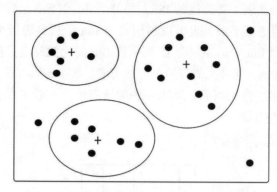

图 2-12　基于聚类分析方法的异常数据监测

（3）回归方法。

可以利用拟合函数对数据进行平滑。例如，借助线性回归方法，包括多变量回归方法，就可以获得多个变量之间的拟合关系，从而达到利用一个或一组变量值来预测另一个变量取值的目的。

利用回归方法所获得的拟合函数，能够帮助平滑数据集除去其中的噪声。许多数据平滑方法，同时也是数据消减方法。例如，以上描述的 Bin 方法可以帮助消减一个属性中的不同取值，这也就意味着 Bin 方法可以作为基于逻辑挖掘方法的数据消减处理方法。

3）不一致数据处理

现实世界的数据存储中，常出现数据内容不一致的问题。例如，由于同一属性在不同数据库中的取名不规范，常常使得在进行数据集成时，导致不一致情况的发生。对于其中的一些数据，可以利用它们与外部的关联，手工解决这种问题，如数据录入错误一般可以通过与原稿进行对比来加以纠正。

2. 数据集成

在进行数据处理时常常会涉及数据集成的操作，即将来自多个数据源的数据，如数据库、数据立方、普通文件等，结合在一起并形成一个统一的数据集合，以便为数据处理工作的顺利完成提供完整的数据基础。数据集成即将来自多个数据源的数据合并到一起构成一个完整的数据集。

由于同一个实体属性在不同的数据库中会有不同的字段名称，因此在进行数据集成时就会存在数据的不一致或冗余情况。例如，在一个数据库中用户的姓名字段值为"username"，而在另一个数据库中则为"name"。大量的数据冗余不仅会降低数据挖掘的速度，也会误导数据挖掘进程。因此，除了进行数据清洗之外，在数据集成中还需要消除数据的冗余。在数据集成过程中，需着重考虑解决以下几个方面的问题。

1）模式集成问题

模式集成问题是指如何使来自多个数据源的现实世界中的实体进行相互匹配，这其中就涉及实体识别的问题。例如，如何确定一个数据库中的"username"与另一个数据库中的"name"表示的是同一个实体。数据库与数据仓库中通常包含元数据，这些元数据可帮助避免在模式集成时发生错误。

2）冗余问题

冗余问题是数据集成中经常发生的另一个问题。若一个属性可以从其他属性中推演出来，那这个属性就是冗余属性。例如，一个顾客数据表中的平均月收入属性就是冗余属性，因为它可以根据月收入属性计算出来。此外，属性命名的不一致也会导致集成后的数据集出现数据冗余问题。

3）数据值冲突检测与消除问题

对于一个现实世界实体，其来自不同数据源的属性值或许不同。产生该问题的原因可能是比例尺度不同、表示的差异或编码的差异等。例如，重量属性在一个库中采用公制，而在另一个库中却采用英制；价格属性在不同地区采用不同的货币单位。这些语义的差异为数据集成带来了很多问题。

3. 数据转换

数据转换主要是对数据进行规格化操作，将一种格式的数据转换为另一种格式的数据。在正式进行数据挖掘之前，尤其是在使用基于对象距离的挖掘算法时，如神经网络、最近邻分类等，必须进行数据规格化，也就是将其缩至特定的范围之内，如［0，1］。

例如，对于一个数据库中的客户年龄属性或工资属性，由于工资属性值比年龄属性值要大很多，若不进行规格化处理，基于工资属性的距离计算值显然将远远超过基于年龄属性的距离计算值，这就意味着工资属性的作用在整个数据对象的距离计算中被错误地放大了。

数据转换就是将数据进行转换或归并，从而构成一个适合数据处理的描述形式。数据转换包含以下处理内容。

（1）平滑处理：帮助除去数据中的噪声。主要方法有Bin方法、聚类分析方法和回归方法。

（2）合计处理：对数据进行总结或合计操作。例如，对每天的销售额进行合计操作可以获得每月或每年的总额。这一操作常用于构造数据立方或对数据进行多细度的分析。

（3）数据泛化处理：用更抽象或更高层次的概念来取代低层次或数据层的数据对象。如街道属性，可以泛化到更高层次的概念，如城市、国家。同样，对于数值型的属性，如年龄属性，可以映射到更高层次的概念，如青年、中年和老年。

（4）规格化处理：将有关属性数据按比例投射到特定的小范围之中，以消除数值型属性因大小不一而造成挖掘结果的偏差。例如，将工资收入属性值映射到0到1范围内。规格化处理常常用于神经网络、基于距离计算的最近邻分类和聚类挖掘的数据预处理中。对于神经网络，采用规格化后的数据不仅有助于确保学习结果的正确性，而且也会帮助提高学习的速度。对于基于距离计算的挖掘，规格化方法有助于消除因属性取值范围不同而对挖掘结果的公正性产生的影响。

4. 数据消减

数据消减是指通过删除冗余特征或聚类消除多余数据，其目的是用于缩小所挖掘数据的规模，但基本不会影响最终的挖掘结果。现有的数据消减方法如下。

（1）数据聚合，如构造数据立方。

（2）消减维数，如通过相关分析消除多余属性。

（3）数据压缩，如利用编码方法（如最小编码长度或小波）压缩数据。

（4）数据块消减，如利用聚类或参数模型替代原有数据。此外，利用基于概念树的泛化也可以实现对数据规模的消减。

上述数据预处理方法之间并不是相互独立的，而是相互关联的。例如，消除数据冗余既可以看成是一种数据清洗，也可以认为是一种数据消减。

学习笔记

任务 2.3 世界各国铁路大数据技术的应用

数据的收集和分析方式在过去的 10 年间发生了很大的改变，人工智能方面的大数据技术提供了更加复杂的数据收集、分析和可视化工具，并减少了报告系统中的人工干预。欧洲铁路公司对大数据技术在铁路行业的应用潜力做了详细的调查研究，调查结论为大数据技术在铁路安全管理中的应用潜力是值得研究的，但同时提出，影响大数据发挥作用的最大制约因素是数据的缺乏和可用性。

1. 德国

在大数据迅速发展的背景下，大数据技术已经在德国铁路（以下简称德铁）部门的分析与预测、决策支撑及自动化应用等方面取得了一定进展。德铁通过规划建设了统一的数据中心平台，实现了包括对经营状况、设备故障进行精确分析等功能在内的数据综合应用平台，并开展了 4 个方面的数据分析工作，分别为设备故障对运输效率影响情况分析、关键设备故障分析及优先级识别、设备状态可视化展示、检修成本优化分析。德铁统一数据平台如图 2-13 所示。

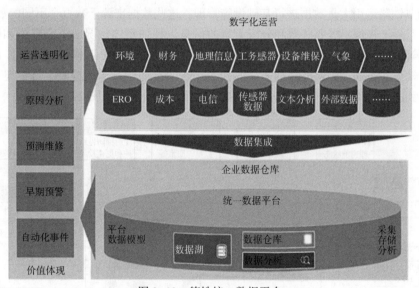

图 2-13 德铁统一数据平台

根据德铁的统计，开展以上 4 个方面的数据分析工作后，在经营管理方面的提升包括：对机车故障的预测时间提前到 6 h；机车核心部件故障率预测的精准度由之前的 15% 提升到 86%；通过燃油使用量的数据分析，优化个别司机开车习惯。在节约成本方面的提升包括：优化燃油使用，将燃油使用效率提升 1.5%；通过设备故障预测，将机车维修走向状态修，节约检修人工成本。

德国的 VTG AG 与瑞士公司 Nexiot 共同研发了基于远程信息处理技术的车辆智能定位装置 VTG Connector。这个智能定位装置不仅能精确定位货车，还能为货主提供基于大数据的一系列增值服务，比其他国家的货车追踪技术又有了新的进步。数字化货车的一些基础性功能包括：追踪货车当前位置；了解来自货车的各种实时信息；较为精确地监视货车状态并预测到达时间和可能的延误；收到多种类型的即时信息提醒；获得货车根据数据自动归集功能绘制的若干分析图表。VTG 公司的这些服务功能是模块化的，在基础功能之外，还可通过另外收费的形式，为用户添加所需的其他个性化功能，包括使用传感器确定货车装填量、精确测量货车重量等。

2. 瑞士

2010 年，瑞士联邦铁路（SBB）曾推出了"SwissTAMP"项目，其目标是创建一个主动维护的中心工具。SwissTAMP 集成了 SBB IT 网络中的 20 多个子系统，收集并存储所有轨道分析所需要的数据。SwissTAMP 的轨迹分析功能可汇集一系列测量和诊断数据以产生综合的状态属性并计算距离下次维护的剩余时间，维修计划功能可将轨道分析的输出结果与生命周期成本因素关联起来，并制定最佳的建议措施及财务估算和可行的替代方案。瑞士国家重点科研计划（NFP）大数据专项于 2017 年正式启动，该专项内容包括大数据信息技术板块（大数据分析基础性研究、大数据基础设施构架、数据库和计算中心）和大数据应用板块（对大数据在交通、灾害等领域的应用展开基础性研究）。

3. 瑞典

瑞典铁路运用大量数据进行基础设施管理，这些数据来源于数百个不同的数据源。对于铁路资产管理，需要获取和分析大量的信息以评估整体状况、资金支出和铁路轨道检测等，包括轨道可用性、轨道使用时间、轨道状态、历史工作记录、工作详细记录等。轨道状态的检测主要包括连续的和断点式的自动检测车的检测、日常巡查的人工检测和服务故障记录。瑞典铁路大数据管理系统主要模块如图 2-14 所示。

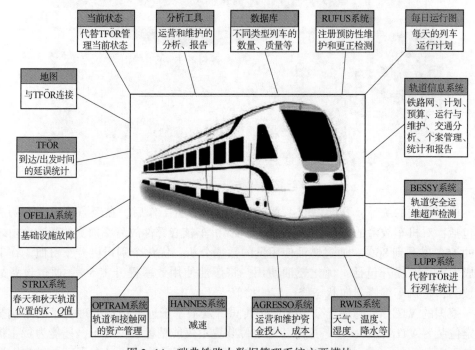

图 2-14 瑞典铁路大数据管理系统主要模块

4. 英国

英国铁路安全和标准化委员会在 2012 年提出的《铁路技术战略 2012》指导下，提出了铁路大数据整体框架。通过采集基础设施、车辆、现场工作人员、乘客、环境等数据，汇集于数据中心搭建铁路大数据平台，实现铁路数据分析和信息增值服务，以及自动列车、实时乘客信息服务、智能资产维护等功能，提高了铁路的安全性，改善了人力管理的效率。

为提高运输安全性，哈德斯菲尔德大学铁路系统的大数据风险分析（BDRA）项目正在研究如何有效组合并利用铁路的多源大数据，以便更好地了解英国铁路系统和它们所处的环境。BDRA 在风险评估的精确性上有很大提升，因为它是对所有风险相关数据进行统计分析，而不是基于有限的抽样数据评估风险概率，因此减少了对依赖于假设和简化的风险评估模型的使用。迄今为止，BDRA 已经对信号数据和事故报告进行了分析，分析结果用来评估存在风险的列车数量。初步的研究结果表明，BDRA 可服务于英国铁路安全和风险管理，但在下一步的研究中，需要采用新的风险分析技术、语义技术、交互式可视化技术来执行数据分析和专用的计算机系统。

5. 意大利

意大利铁路公司 Trenitalia 近年来利用大数据开展了机车车辆数字化的预测性维护，利用动态检修管理系统（dynamic maintenance management system，DMMS）把物联网、分析技术和内存计算技术结合起来。DMMS 的主要功能包括列车设备状况实时监控、故障发生短期诊断、维护工作动态规划、部件剩余使用寿命预测等。DMMS 使得整个检修工作全面数字化，它通过对列车上几百个传感器采集的大量数据进行分析、计算，预测出即将发生故障的部件，从而采取相应的措施。这种检修方法能够把机车车辆检修成本降低 8%。

6. 法国

2011 年以来，法国公共数据开放得到了稳步发展，无论从参与公共数据开放的机构数目、已开放的数据集总量，还是从根据开放数据开发的应用项目来看，法国已成为全球公共数据开放领域领先的国家之一。法国国家铁路公司（SNCF）以通过创新的合作伙伴网络为旅客日常生活提供新服务为宗旨，面向开发者推出了数据开放。

当前，巴黎通勤列车装备有 2 000 个传感器，它们每月可以传输 70 000 个数据点的信息，使得法国铁路公司的技术人员可以在同一时间对 200 辆列车的状态进行远程监测，以便及时发现潜在的问题，包括诸如空调设备和车门故障等问题，省去了列车段的人工检查，也能防止服务中断及避免更昂贵的维修工作。

任务 2.4　铁路大数据发展趋势分析

根据各国铁路大数据的发展历程及应用现状，结合当前铁路运输业的发展形势及需求，铁路大数据的发展趋势将向集成化、标准化和智能化方向发展。

1）集成化

铁路运输业务种类多样、参与部门众多、数据规模庞大，分散于各业务系统中的数据不便于决策者进行整体把握和宏观分析，难以充分发挥大数据的优势。未来铁路大数据的发展将趋于集成化，即形成一体化的数据集成平台，各业务数据统一汇集于该集成平台，形成运输经营活动的完整信息链，实现对数据的集中管理、融合共享和深度挖掘。

2）标准化

当前，各国铁路优先发展大数据应用的研究与实践，但在铁路大数据分级、分类、标准体系等方面尚缺乏统一规范，这也在一定程度上制约了各部门、各层级间的数据融合与共享。标准化是铁路大数据发展的迫切需求和必然趋势，构建统一的铁路大数据标准体系，明确面向铁路数据资产全生命周期的技术标准，是各专业大数据应用不断深化的基本要求。

3）智能化

纵观世界各国铁路大数据的应用现状，大数据技术已在客货服务、安全生产、设备维修、经营管理等领域取得了实质性的成效，然而在社会发展的新形势下，铁路运输由信息化向智能化转变是大势所趋。运用人工智能等先进技术，提高运输系统自感知、自诊断、自决策能力，从而达到提升安全水平、提高运营效率、增加经营收益、优化服务质量的目标，是铁路大数据发展的新趋势。

在集成化、标准化和智能化的发展方向上，出现了混搭型智能数据平台、智能维护平台等较成熟的智能大数据系统。

2.4.1　混搭型智能数据平台

虽然在大数据的背景下得以获取大量行业相关数据，然而支离破碎、未受保护、无法访问、质量低下的不良数据只会带来糟糕的统计结果。出于这方面的考虑，互联网和数据服务公司提出了智能数据平台的概念，旨在让数据实现自我组织，保证数据安全、可靠。

在通用的智能数据平台基础上，一些公司针对铁路行业的特点开发了定制化的数据平台。Railinc 公司自 2015 年开始从传统的数据仓库向大数据方向转变，近年来针对铁路行业开发了混搭型智能数据平台，包括元数据自助管理、ELT 抽象层、Wandisco 支持的数据存储和主动备份等，如图 2-15 所示。该混搭型智能数据平台在机器学习和数据分析部分，运用 Spark 进行流数据分析，利用 SAS 进行历史数据分析。利用混搭型智能数据平台，一方面，可以提高铁路行业产值，如进行预测性维护、ETA 预测、设备故障分析的模型优化等；另一方面，可以优化铁路运营管理，如车队管理模拟、系统异常探测、商业决策制定等。

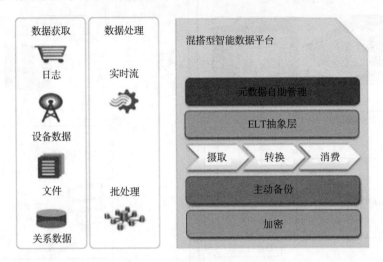

图 2-15　混搭型智能数据平台

2.4.2　智能维护平台

与现有维修方式相比，智能维护平台是基于大数据、人工智能提出的一种新的维修架构，主要包含 4 个方面的内容，如图 2-16 所示。

1）实现基于状态的维修

在基于状态的维修（CBM）系统中，监测组件会识别设施设备的退化程度和故障迹象来判定其状态，以保证适时地进行设备维修养护。以电力设备监测系统为例，CBM 的工作流程如图 2-17 所示。

图 2-17 中所示的循环，可以每天或动态地实施。该循环可实现数据获取，根据数据分析识别退化状态，制定包括维修时间、地点、方法的决策，实施维修，评估维修结果等功能。日本铁路正在研究如何将 CBM 用于铁路车辆以实现更高效的车辆维护，监测车辆组件的状态并分析所得到的数据，以期在此基础上制定车辆维护计划。

2）引入资产管理

铁路资产管理的概念是将铁路设施设备当作资产，并从全生命周期的角度对资产进行高效管理。对于桥梁、隧道、土木工程等退化速度慢、维修规模大的设施，识别退化较为困难，如果智能维修能克服这个困难，工程师可根据退化状态对比多种维修方法，从而提出最优的维修计划。

3）人工智能支持工作

人工智能不仅是使用文本、图像等非结构化数据的支持系统，还可以通过大数据分析技术挖掘出数据背后的新关联。举例说明，当设备故障发生时，有经验的工

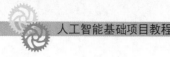

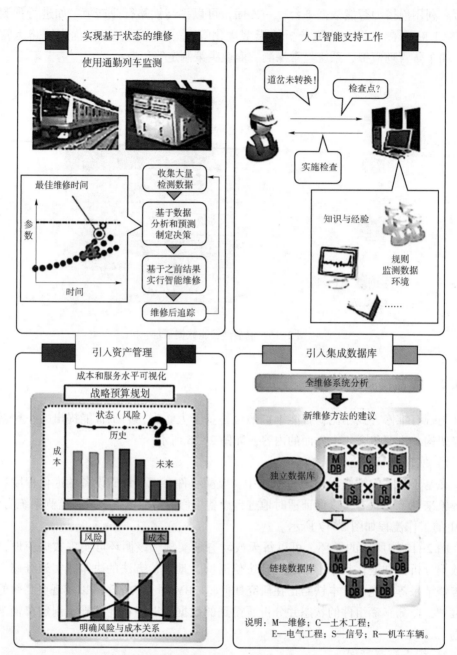

图 2-16　智能维护平台的主要内容

程师可根据历史经验、设备状态、环境因素等推断出故障原因，并尽快修复故障。然而，没有经验的工程师却难以识别故障原因。通过学习大量知识和已有的经验数据，人工智能系统可像经验丰富的工程师一样快捷、精准地识别故障，并制定优化的维修方案。

4）引入集成数据库

若要实现基于状态的维修、引入资产管理、人工智能，首先需要一个能够自由

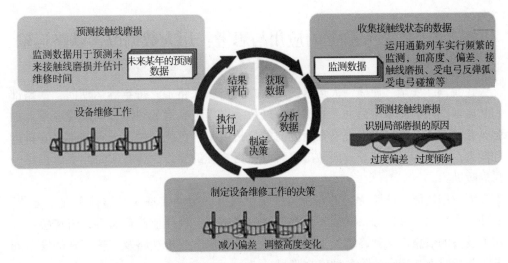

图 2-17 CBM 系统的工作流程（以电力设备监测系统为例）

处理数据的环境。一般情况下，许多公司的各个部门具有各种各样的信息系统，这些系统往往都是为了优化各自部门工作而开发的，因此各系统的结构相互独立，并且数据无法共享。为了更好地制定决策，有必要将大量的数据集中管理，即整合各内部系统，并建立一个大的集成平台。通过该平台，每个一线管理者都可以使用相同的数据，并可高效、精确地制定决策。

✎ 学习笔记

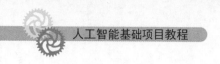

任务 2.5　铁路大数据的应用与思考：用大数据改善铁路运输

在我国，安全、便捷、大运量的运输方式当属铁路了。每年春运期间，铁路部门从旅客购票的需求中借助大数据这一好帮手来摸准春运的热点方向和需要重点加强运能的线路，不仅可以提高客运方向的分析效率，更能利用其分析结果在安排运输能力、组织客运人员等方面做出更科学、更合理的安排，为我国每年春运提供一份温暖助力。

大数据还能为铁路货运的安全监控提供服务，帮助实现实时监控和安全运营。此外，大数据还可以分系统统筹设置海量的传感器、视频监测设备等，将传感器及相关设备的信息汇集到终端，工程师便可实时发现、分析铁路及车辆存在的安全问题，并及时下达指令消除各种安全隐患。

大数据还助力铁路进军现代物流行业。截至 2021 年底，95306 平台已累计注册企业超 10 万家、上线展示企业近 3 万家。随着时间的推移，注册及上线展示的企业会越来越多，这些企业信息就是铁路运输的财富。通过互联网大数据获取更多的信息，就是铁路强势进军现代物流业的基础。

对于铁路企业，大数据是一种新技术、新思想，必然带来新机遇、新起点。

1. 大数据助力铁路科学安排运能

2016 年，时任中国铁路总公司运输局营运部副主任黄欣在回应"绿皮车会不会停运，被高铁取代"时表示，铁路会本着以满足人民群众的出行需求为目的，改善服务，做好运力安排。对于这些列车的开行，随着社会的不断进步，随着人民群众生活水平的不断提高，铁路部门也会不断地改进列车的设施和设备。

此外，黄欣说，提到高铁和普速列车，大家感觉到这几年铁路开行的高铁列车越来越多，只要查一查数据就可以发现，这几年来普速列车开行的对数也在不断增加。列车的开行安排，一方面需根据各个线路的通过能力来决定，另一方面，还要根据各地经济发展的状况及各地综合交通的情况来决定，主要根据广大旅客的出行需求进行安排。

黄欣介绍，在大数据分析方面，过去的春运，我们多是采取人工的、较原始的客流调查方法。现在我们能利用大数据进行客流去向的分析，同时根据大数据来安排铁路的运输能力。我们提前 60 天售票，也正是希望从旅客购票的需求中来摸准春运的热点方向和需要重点加强运能的线路，做出更为科学、合理的安排。

2. 铁路大数据下的"大作为"

随着互联网时代的到来，大数据技术支持的春运反映的则是"民之所需、民之所求"。

"工业时代"的我们可能为了买一张火车票，半夜就要挤在火车站广场上排队，而且天亮了还不一定能买到。如今进入"信息时代"，我们只需要动动手指，便可以实现轻松购票。不得不说，铁路部门顺应时代的变迁，着实给老百姓带来了诸多便利。

随着铁路"四横四纵"高铁主骨架的建成通车，人们的出行便利程度实现了质的飞跃。例如老家在湖南邵阳的徐某在上海打工，在过去如果过年回老家少说也要十几个小时，但高铁开通以后，即便是大年三十当天动身回家，也不会耽误除夕夜的团圆饭。高铁以其速度证明了它给百姓带来的实实在在的出行"红利"。

随着人们生活水平的不断提高，技术的不断革新，铁路部门仍需进一步加强信息化建设，完善互联网服务平台，以便更好地服务大众。

3. 铁路"追赶"大数据实行"三步走"

铁路作为引领国家经济增长的高速列车，要"追赶"大数据，实行"三步走"。

（1）以知为行，知决定行。在大数据时代全面来临之际，铁路部门应当充分了解什么是大数据，它会带来哪些好处和风险，自身存在什么优势和劣势，其他行业在应用时产生的问题和解决方案等。知己知彼，方能百战不殆。

（2）执经叩问，合作共赢。在学习中提高自身，在合作中强大自己。积极与专业大数据分析公司合作，统筹规划大数据的架构，科学布局大数据的采集点，加紧培养大数据分析人才队伍，整合各行各业涉及铁路的数据，并与百度等主要网络搜索引擎合作，建立铁路的大数据资源，推行数字化科学管理，开展数字化精准营销生产，实现铁路运营网络化、智能化。

（3）学以致用，改革创新。充分利用大数据的优势，及时掌握市场需求，丰富营销手段，优化资源配置，加强区域联动，节约成本，积极进行跨界合作，加强云计算和物联网建设，真正将自身融入大数据战略和互联网行动计划当中去。大数据时代网民和消费者的界限正在消弭，企业的疆界变得模糊，数据成为核心的资产，并将深刻影响企业的业务模式，甚至重构其文化和组织。

📖 *学习笔记*

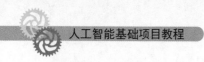

人工智能基础项目教程

课后习题

1. 详述人工智能与大数据的关系。

2. 人工智能常用的数据预处理方法有哪些？

3. 简述铁路大数据的发展趋势。

参考答案

项目 3 云计算下的人工智能

微课+课件

项目目标

1. 了解云计算的定义、基本特征和优劣势。
2. 掌握云计算平台的搭建过程。
3. 理解云计算和人工智能的关系。

项目导读

随着信息技术的飞速发展，特别是人工智能时代对计算、存储技术的挑战，新的计算模式已经悄然进入人们的生活、学习、工作和娱乐的方方面面，这就是被誉为第三次信息技术革命的"云计算"。

学习笔记

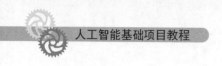 **项目实施**

任务 3.1　认识云计算

云计算是一个新名词，但不是一个新概念，它自从互联网诞生以来就一直存在。目前对云计算的定义也并非完全统一。

3.1.1　云计算的定义

在云计算概念刚被提出时，很多业内的专家认为它只是概念，因为从本质上说，云计算与当时的分布式计算、网格计算很相似。但多年的发展证明，云计算与分布式计算或网格计算有很大区别，其商业应用价值也逐渐凸显，受到了众多厂商和用户的追捧，在不同领域都得到了飞速发展。虚拟化、多租户、高可用性、虚拟机迁移等概念或应用也随着云计算的发展而逐渐被人们所了解和认识。

维基百科对云计算的定义是：云计算是分布式计算技术的一种，其最基本的概念，是通过网络将庞大的计算处理程序自动分拆成无数个较小的子程序，再交由多部服务器所组成的庞大系统进行搜寻和计算分析，最后将处理结果回传给用户。通过这项技术，网络服务提供者可以在数秒内处理数以千万计甚至亿计的信息，达到和超级计算机同样强大性能的网络服务。

有些专家将云计算定义为：云计算包括互联网上各种服务形式的应用及这些服务所依托数据中心的软硬件设施，这些应用服务一直被称作软件即服务（SaaS），而数据中心的软硬件设施就是所谓的云，云计算就是 SaaS 和效用计算。

我国国家标准《云计算基础设施工程技术标准》（GB/T 51399—2019）中将云计算解释为"一种通过网络将可伸缩、弹性的共享物理和虚拟资源池以按需自服务的方式供应和管理的模式"。

为了更深入地理解云计算的概念，下面分别从用户、技术提供商和技术开发人员的角度来对其进行解读。

（1）从用户的角度看云计算。根据用户的体验和使用效果，云计算可以被视为一个信息基础设施，包含硬件设备、软件平台、系统管理的数据，以及相应的信息服务。当用户使用该系统时，可以实现"按需索取、按用计费、无限扩展、网络访问"的效果。

简单地说，用户可以根据自己的需要，通过网络去获得自己需要的计算资源和软件服务。这些计算资源和软件服务可供用户直接使用而不需要用户做进一步的定制开发、管理与维护等工作。同时，这些计算资源和软件服务的规模可以根据用户业务与需求的变化，随时调整到足够大的规模。用户使用这些计算资源和软件服务，只需要按照使用量来支付租用的费用。

（2）从技术提供商的角度看云计算。技术提供商认为，云计算通过调度优化的技术管理和协同大量的计算资源，同时针对用户的需求，通过互联网提供用户所需的计算资源和软件服务，基于租用模式以按用计费的方法进行收费。

技术提供商强调云计算系统需要管理与协同大量的计算资源来提供强大的 IT 能力和丰富的软件服务，利用调度优化的技术来提高资源的利用效率。云计算系统提供的 IT 能力和软件服务针对用户的直接需求，并且这些 IT 能力和软件服务都在互联网上发布，它允许用户直接利用互联网来使用这些 IT 能力和软件服务。用户对资源的使用，按照其使用量来进行计费，实现云计算系统运营的盈利。

（3）从技术开发人员的角度看云计算。技术开发人员作为云计算系统的设计和开发人员，认为云计算是一个大型集中的信息系统。该系统通过虚拟化技术和面向服务的系统设计等手段来完成资源与能力的封装和交互，并且通过互联网来发布这些封装好的资源和能力。

所谓大型集中的信息系统，指的是包含大量的软硬件资源，并且通过技术和网络等对其进行集中式管理的信息系统。通常这些软硬件资源在物理上或者在网络连接上是集中或者相邻的，能够协同来完成同一个任务。

信息系统包含软硬件和很多软件功能，这些软硬件和软件功能如果需要被访问与使用，就必须有一种能把相关资源和软件模块打包在一起且呈现给用户的方式。虚拟化技术和 Web 服务是最常见的封装与呈现技术，可以把硬件资源和软件功能等打包，并以虚拟计算机和网络服务的形式呈现给用户使用。

云计算作为一种技术手段和实现模式，使得计算资源成为向大众提供服务的社会基础设施，将对信息技术本身及其应用产生深远的影响。软件工程方法、网络和终端设备的资源配置、获取信息和知识的方式等，尤其会因为云计算的出现而产生重要的变化。与此同时，云计算也深刻改变着信息产业的现有业态，催生了新型的产业和服务。云计算提高了社会计算资源的利用率，提升计算资源获得的便利性，推动了以互联网为基础的物联网迅速发展，这些将更加有效地提升人类感知世界、认识世界的能力，促进经济发展和社会进步。

3.1.2 云计算的基本特征

云计算的核心思想是将大量用网络连接的计算资源统一管理和调度，构成一个计算资源池向用户提供按需服务。云计算通过把计算分布在大量的分布式计算机上而非本地计算机或远程服务器中，企业数据中心的运行将与互联网更相似，使得企业能够将资源切换到需要的应用上，根据需求访问计算机和存储系统。云计算的使用模式可用电厂模式来进行类比，即每家每户都要用电，可是不必每家每户都要安装一台发电机，只需要接入电网，按使用量付费即可。电厂模式与云计算的类比关系如图 3-1 所示。

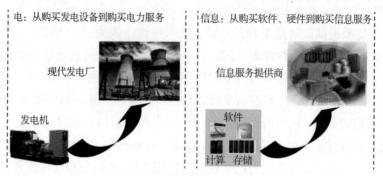

电: 从购买发电设备到购买电力服务 | 信息: 从购买软件、硬件到购买信息服务

现代发电厂 | 信息服务提供商

发电机 | 软件

计算 存储

图 3-1　电厂模式与云计算的类比关系

云计算具有以下一些基本特征。

1）超大规模

"云"具有超大的规模，像 Google 云、亚马逊云、阿里云、腾讯云等云计算系统的服务器数量都超过百万台。一般企业的私有云根据具体的需求而定，从几十台服务器到上万台服务器不等。超大规模的计算机集群能赋予用户前所未有的计算能力。

2）虚拟化

虚拟化包括资源虚拟化和应用虚拟化。资源虚拟化是指异构硬件在用户面前表现为统一资源；应用虚拟化是指应用部署的环境和物理平台无关，通过虚拟平台对应用进行扩展、迁移、备份。这些操作都是通过虚拟化层完成的，虚拟化技术支持用户在任意位置使用各种终端获取应用服务，如大数据处理系统。使用虚拟化技术，用户所请求的资源来自"云"，应用在"云"中运行，用户无须了解也不用关心应用运行的具体位置。只需要一台计算机或一部手机，就可以通过网络服务满足用户需求，甚至包括超级计算这样的任务。

3）动态可扩展

云计算能迅速、弹性地提供服务。服务使用的资源能快速扩展和快速释放。对用户来说，可在任何时间购买任何数量的资源。资源可以是计算资源、存储资源和网络带宽资源等。与资源节点相对应的也有计算节点、存储节点和网络节点。如果所需资源无法达到用户需求，可通过动态扩展资源节点增加资源以满足需求。当资源冗余时，可以减少、删除、修改云计算环境的资源节点。冗余可以保证在任一资源节点异常宕机时不会导致云环境中业务的中断，也不会导致用户数据的丢失。资源动态流转意味着云计算平台下实现资源调度机制，资源可以流转到需要的地方。例如，在应用系统业务整体增加的情况下，可以启动闲置资源加入云计算平台中，提高整个云平台的承载能力以应付系统业务的增加。在整个应用系统业务负载低的情况下，可以将业务集中起来，将闲置下来的资源转入节能模式，提高部分资源利用率，以节省能源。

4）按需部署

供应商的资源保持高可用和高就绪的状态，用户可以按需自助获得资源。按需分配是云计算平台支持资源动态流转的外部特征表现。云计算平台通过虚拟分拆技术，可以实现计算资源的同构化和可度量化，可以提供小到一台计算机、多到千台计算机的计算能力。按量计费源于效用计算，在云计算平台实现按需分配后，按量计费也成为云计算平台向外提供服务时的有效收费形式。

5）高灵活性

现在大部分的软件和硬件都支持虚拟化，各种 IT 资源（如软件、硬件、操作系统、存储、网络等）通过虚拟化放置在云计算虚拟资源池中进行统一管理。云计算能够兼容不同硬件厂商的产品，兼容低配置机器和外设，获得高性能计算。

6）高可靠性

云计算平台把用户的应用和计算分布在不同的物理服务器上，使用了数据多副本容错、计算节点同构可互换等措施来保障服务的高可靠性，即使单点服务器崩溃，仍然可以通过动态扩展功能部署新的服务器，增加各项资源容量，保证应用和计算的正常运转。

7）高性价比

对物理资源的要求较低。可以使用廉价的 x86 结构 PC 组成计算机集群，采用虚拟资源池的方法管理所有资源，计算性能却可超过大型主机，性价比较高。

8）支持海量信息处理

云计算在底层要面对各类众多的基础软硬件资源，在上层需要同时支持各类众多的异构业务，具体到某一业务，往往也需要面对大量的用户。因此，云计算需要面对海量的信息交互，需要有高效、稳定的海量数据通信和存储系统的支撑。

9）广泛的网络访问

可以通过各种网络渠道，以统一的机制获取服务。客户端的软件和硬件多种多样（如智能手机、笔记本电脑、平板电脑等），只需联网即可。

10）动态的资源池

供应商的计算资源可以被整合为一个动态资源池，以多租户模式服务所有用户，不同的物理和虚拟资源可根据用户需求动态分配。用户不需要知道资源的确切地理位置，但在需要时用户可以指定资源位置（如哪个国家、哪个数据中心等）。

11）可计算的服务

服务的收费可以是基于计算的一次一付或基于广告的收费模式。系统针对不同服务需求（如 CPU 时间、存储空间、带宽，甚至按用户的使用率高低）来计量资源的使用情况和定价，以提高资源的管控能力和促进优化利用。整个系统资源可以通过监控与报表的方式对服务提供者和使用者实现透明化。

3.1.3　云计算的发展过程

云计算是继大型计算机到客户端/服务器模式之后的又一次发展过程，了解云计算的发展历史，有利于理解云计算的基本概念和掌握相关技术。云计算的发展过程如图 3-2 所示。

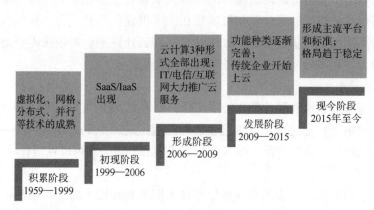

图 3-2　云计算的发展过程

2012 年，随着阿里云、盛大云、新浪云、百度云等公共平台的迅速发展，腾讯、淘宝、360 等开放平台的兴起，云计算真正进入实践阶段。2012 年被称为中国云计算实践元年。

2014 年 8 月 19 日，阿里云启动云合计划，该计划拟招募 1 万家云服务商，为企业、政府等用户提供一站式云服务，其中包括 100 家大型服务商、1 000 家中型服务商，并提供资金扶持、客户共享、技术和培训支持，帮助合作伙伴从 IT 服务商向云服务商转型。东软、中软、浪潮、东华软件等国内主流的大型 IT 服务商，均相继成为阿里云合作伙伴。

2021 年全球云计算 IaaS 市场规模增长至 913.5 亿美元，同比 2020 年上涨 35.64%，IaaS+PaaS 市场累计达 1 596 亿美元，同比增长 37.08%。据行业研究机构 IDC 数据表明，全球前 3 名云厂商依次为亚马逊、微软、阿里云，其中阿里云以 7.4% 份额位居全球第 3。谷歌云、IBM 分列第 4、5 名。

云计算的发展过程如图 3-2 所示。

3.1.4　云计算的优势和劣势

当前各种市场营销都以云计算作为卖点，云手机、云电视、云存储等频频冲击着人们的眼球。2012 年以来，各大 IT 巨头们频繁出手，纷纷收购各种软件公司为以后云计算发展打下基础，而且在云计算背景下各大厂家以此作为营销法宝，各种云方案、云功能层出不穷，IT 应用已经进入了"云时代"。

1. 云计算的优势

云计算究竟有哪些好处？云计算能给用户带来哪些便利？下面总结一下云计算的主要优势，以帮助读者了解云计算。

1）更加便利

如果你的工作需要经常出差，或者有重要的事情需要得到及时处理，那么云计算就会给你提供一个全球随时访问的机会。无论你在什么地方，只要登录自己的账户，就可以随时处理云主机中的文件或邮件。你可以安全地访问公司的所有数据，而不仅限于 U 盘中有限的存储空间，你能随时随地享受与在公司一样的文件处理环境。

以前的网络应用，如电子邮箱等，只是提供了一个文件存储的空间（而且大小有限），但云主机提供的是一个办公环境，只不过这台云主机是放在网络上的。

2）节约硬件成本

云计算能为公司节省多少成本会根据每个公司的具体情况而有所差别，但是云计算能节省企业硬件成本已经是不争的事实。另外，云计算可以使企业硬件的利用率达到最大化，从而使公司支出进一步缩小。

3）节约软件成本

采用云计算技术，可以使用云办公系统，这样不需要将软件部署在本地计算机上，省去了高昂的软件版权开销，只需要购买云办公系统软件的费用，而且这部分费用只需按用量计费。另外，软件有新的版本后，低版本的无须再继续付费使用，这样企业整体的软件支出成本可以大大降低。

4）节省物理空间

部署云计算后，企业再也不需要购买大量的硬件，同时存放服务器和计算机的空间也被节省出来。在房屋价格不断上涨的今天，节省企业物理空间无疑也给企业节省了更多的费用，大大提升了企业的利润空间。

5）实时监控

只需要一个能联网的设备，就能实现企业员工在世界各地进行办公；而通过移动设备等方式还可以对员工的具体情况进行监控，可以进一步了解公司的情况，在提升员工工作积极性的同时使员工的工作效率达到最大化。

6）给予企业更大的灵活性

云计算提供给企业更大的灵活性，企业可以根据业务情况来决定是否需要增加服务。企业也可以从低成本做起，用最少的投资来满足自己的现状，而当企业业务增长到需要增加服务时，可以根据实际情况对服务进行选择性增加，使企业的业务灵活性达到最大化。

7）减少 IT 支持成本

简化硬件的数量，消除组织网络和计算机操作系统配置过程，可以减少企业 IT 维护人员的数量；而更少的设备使用量，也使能耗开销大幅下降。采用云计算技术，在某些情况下可以使能耗降低 80%以上，使企业的 IT 支持成本达到最小化。

8）企业安全

云计算能给企业数据带来更安全的保证。可能有人认为，数据放到云端，不是更容易泄露吗？而真实的情况是，云服务商提供的系统由于有专业人员和专用技术做保障，数据的安全性其实更高。另外，如果数据存储在本地，由于计算机硬件的老化损坏等，数据很容易丢失；而云服务商采用多副本等技术，即使某些硬件老化损坏，数据也可以恢复，从而提高了数据的安全性。

9）数据共享

以前人们存储数据，可能会保存在很多地方，如手机、平板电脑、家里和单位的计算机里各保存一份，导致同一份数据占用了更多的存储空间；而且有时修改了某个地方的数据，还会造成这些数据的不同步现象。有了云计算（云存储）后，数据只需保存一份，用户的所有设备只要连接到云计算系统，就可以同时访问和使用同一数据。

10）使生活更精彩

以前人们保存信息的方式或是记录在笔记本上，或是存储在计算机的磁盘中，而利用云计算，人们可以把所有的数据保存在云端。当驾车在外时只要登录所在地区的卫星地图就能了解实时路况，还可以快速查询实时路线，或随时把拍下的照片传到云端保存，实时发表亲身感受。

2. 云计算的劣势

事物都有利弊之分，云计算也不例外，只有充分认识到它的优势和劣势，才能更好地应用云计算。云计算的劣势主要表现在以下几个方面。

1）云计算本身还不太成熟

尽管众多云计算厂商把云计算炒得火热，每个厂商推出的云产品和云套件也是琳琅满目、层出不穷，但是大都各自为战，没有统一的平台和标准来规范。用户必须结合自身实际情况在安全性、稳定性等方面慎重考虑。

2）存在数据安全性问题

从数据安全性方面看，云计算还没有完全解决这个问题，因此，企业将数据存储在云上时，需要考虑数据的重要性，有区别地对待。

3）应用软件性能不够稳定

尽管已有许多云端应用软件供客户使用，但是由于网络带宽等原因，导致其性能受到影响。相信随着信息化的发展，这个问题将会得到解决。

4）按流量收费有时会超出预算

客户将资源和数据存储在云端进行读取时，需要的网络带宽是非常庞大的，所需要的成本巨大，甚至会超过购买存储本身的费用。

5）用户自主权降低

一般情况下，客户希望能完全管理和控制自己的应用系统。在原来的模式中，每层应用都可以自定义设置和管理，而换到云平台后，用户虽然不需要担心基础架构，但同时也会因为管理和控制权限的降低而感到不适。

✎ 学习笔记

任务 3.2　云服务

云服务是基于互联网的相关服务的增加、使用和交付模式，通常是通过互联网提供动态、易扩展、廉价的各类资源。这种服务可以是 IT、软件和互联网相关产品，也可以是其他服务。云服务意味着计算能力可以作为一种商品通过互联网进行流通，能够使企事业单位和社会组织的业务效率得到快速提升。

3.2.1　认识云服务

云服务提供商向客户提供的服务非常丰富，如主机服务、存储服务、安全服务、办公服务、娱乐服务等，也可以相对应地称为云主机（cloud host）、云存储（cloud storage）、云安全（cloud security）、云办公（cloud office）、云娱乐（cloud entertainment）等。

1. 云主机

云主机是云计算在基础设施应用上的重要组成部分，位于云计算产业链金字塔底层。最早开始提供云主机服务的是亚马逊公司。云主机整合了计算、存储与网络资源的 IT 基础设施能力租用服务，能提供基于云计算模式的按需使用和按需付费能力的服务器租用服务。客户可以通过 Web 界面的自助服务平台，部署所需的服务器环境。

相比于传统的 PC，云主机具有以下优势。

（1）最佳 TCO。使用品牌服务器，无须押金，按月支付、按需付费，只需支付使用的容量，不必投资没有使用的容量。

（2）全球覆盖。云计算节点分布于全球各骨干机房，有 BGP（border gateway protocol，边界网关协议）、双线和单线，可以让客户根据自身情况进行灵活选择。

（3）快速供应。资源池内置多种操作系统和应用标准镜像，需求无论是一台还是百台、Windows 还是 Linux，均可实现瞬时供应和部署。

（4）按需弹性伸缩。保护用户投资且无须对系统、环境和数据做任何变更，即可快速实现云服务器配置的按需扩容或减配。

（5）高可靠和快速恢复。享受国际品牌企业级服务器的高性能和可靠性，内置的监控、快照、数据备份等服务确保故障的快速恢复。提供智能备份功能，将数据风险降到最低。

（6）具备易用、易管理的特性。提供多种管理工具，不懂技术也能用。

（7）一键部署构件。云主机服务商可以联合知名软件厂商，提供电子商务等功能型云服务器构件，无需任何安装和配置工作，实现软件系统的一键部署。

（8）高性能。集群虚拟化，真正物理隔离，各云服务器独占内存等硬件资源，确保高性能。

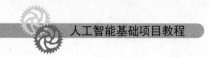

2. 云存储

在 PC 时代，用户的文件存储在本地存储设备（如硬盘、光盘或 U 盘等）中。云存储则不将文件存储在本地存储设备上，而存储在"云"中。这里的云即"云存储"，它通常是由专业的 IT 厂商提供的存储设备和为存储服务的相关技术集合，即它是指通过集群应用、网格技术或分布式文件系统等功能，将网络中大量不同类型的存储设备通过应用软件集合起来协同工作，共同对外提供数据存储和业务访问功能的一个系统。云存储的核心是应用软件与存储设备相结合，通过应用软件来实现存储设备向存储服务的转变，是一个以数据存储和管理为核心的云计算系统。

提供云存储服务的 IT 厂商主要有微软、IBM、Google、百度、中国电信等。

3. 云安全

云安全有两层意思：一是云计算中用户程序的运行、各种文件存储主要由云端完成，本地计算设备主要从事资源请求和接收功能，也就是事务处理和资源的保管由第三方厂商提供服务，用户会考虑这样是否可靠，重要信息是否会泄露等，这就是云系统本身的安全问题；另一层含义是利用云计算系统来提供安全服务，如云杀毒，病毒库是在云端的，这样病毒库功能强大，更新及时。

云安全是在云计算、云存储之后出现的重要应用，已经在反病毒软件中取得了广泛的应用，发挥了良好的效果。云安全是我国企业创造的概念，在国际云计算领域独树一帜。最早提出云安全这一概念的是趋势科技。2008 年 5 月，趋势科技正式推出云安全技术，现在大部分杀毒软件和安全系统都有云安全的服务。

4. 云办公

广义上的云办公是指将企事业单位及政府办公完全建立在云计算技术基础上，从而实现降低办公成本、提高办公效率和低碳减排三个目标。狭义上的云办公是指以办公文档为中心，为企事业单位及政府提供文档编辑、存储、协作、沟通、移动办公和工作流程等云端软件服务。云办公作为 IT 业界的发展方向，正在逐渐形成其独特的产业链与生态圈，并有别于传统办公软件市场。

云办公具有下列几点特性。

（1）跨平台。编制出精彩绝伦的文档不再是传统办公软件所独有的功能，网络浏览器中的瘦客户端同样可以编写出符合规格的专业文档，并且这些文档在大部分主流操作系统与智能设备中都可以轻易被打开。

（2）协同性强。文档可以多人同时进行编辑修改，配合直观的沟通交流，随时构建网络虚拟知识生产小组，从而极大提升办公效率。

（3）实现移动化办公。配合强大的云存储能力，办公文档数据可以无处不在，通过移动互联网随时随地同步与访问数据。云办公可以帮助外派人员彻底扔掉繁重的公文包。

5. 云娱乐

广义的云娱乐是指基于云计算的各种娱乐服务，如云音乐、云电影、云游戏等。

狭义的云娱乐是指用户能通过电视直接上网，不需要计算机、鼠标、键盘，而只用一个遥控器便能轻松畅游网络世界，电视用户可随时免费享受到即时、海量的网络大片，打造一个更为广阔的云娱乐新时代。

自彩电行业进入数字化时代以来，数字技术正在打破消费电子、通信和计算机之间的界限，全球彩电企业面临全新的竞争局面。从模拟时代到数字时代，彩电行业的竞争形态发生了根本变化，在尺寸、画质、音质和外观等方面做到差异化越来越难。3C（computer、communication 和 consumer electronics）融合成为竞争新方向。3C 融合的关键是内容的共享，内容的载体是开放式流媒体，开放式流媒体电视是未来电视发展的主流方向。在用户需求、行业方向和技术趋势日渐成熟之际，电视厂商与网络公司的合作实现了消费电子用户与网络用户的对接，使云娱乐成为现实。

云娱乐的特点主要有以下 2 个方面。

（1）省时、省力、省钱。对于爱看影视剧的用户来说，接入爱奇艺、搜狐、乐视、豆瓣电影等视频频道看电影、电视剧省去了去电影院的时间和金钱，又省去了下载视频的麻烦，高清画质弥补了在计算机上观看影视剧画质不清的缺陷。

（2）方便快捷。云娱乐时代，在闲暇的时光，人们无论是想听听音乐，还是想和家人一起看一部大片，无论是想和朋友在家唱歌，还是和几个好友联机玩一场游戏，都将变得轻松、经济和便捷。使用智能手机或平板电脑，可以在乘地铁或坐公交时方便地看小说、听音乐或看视频。

3.2.2　云计算、大数据和人工智能的关系

云计算最初的目标是对资源的管理，管理的对象主要是计算资源、网络资源、存储资源这 3 个方面，其本质是资源到架构的全面弹性，如图 3-3 所示。

图 3-3　云计算的本质

1. 大数据拥抱云计算

在 PaaS 层中一个复杂的通用应用就是大数据平台。大数据里面的数据有 3 种类型：结构化的数据、非结构化的数据和半结构化的数据。

结构化的数据是指有固定格式和有限长度的数据。例如日常填的表格多数是结构化的数据，如国籍，中华人民共和国；民族，汉；性别，男。非结构化的数据就是不定长、无固定格式的数据，如网页，有时非常长，有时几句话就没了；又如语音、视频，都是非结构化的数据。半结构化数据是指一些 XML 或者 HTML 格式的数据。

原始数据若想变得有用，必须要经过一定的处理。例如人们跑步时戴的手环收集的是数据，网上的众多网页也是数据。少量数据本身可能没有什么用处，但大量数据里面包含了很重要的东西，叫作信息。

数据十分杂乱，经过梳理和清洗，才能够称为信息。信息会包含很多规律，我们需要从信息中将规律总结出来，称为知识。有了知识，就可以将之应用于实战，这个能力叫作智慧。有知识并不一定有智慧，如有些人很有知识，对一些理论可以从各个角度分析得头头是道，但并不能灵活应用，即不能将知识转化成为智慧。而很多创业家之所以伟大，就是因为他们能将获得的知识应用于实践，最后获得了很高的成就。

所以数据的应用涉及 4 个方面：数据、信息、知识、智慧，如图 3-4 所示。

图 3-4　数据应用涉及 4 个方面

2. 数据如何升华为智慧

数据若想要升华为智慧，需要经过以下几个步骤。

第一个步骤是数据的收集。数据收集有 2 种方式。第一种方式是抓取或爬取。例如搜索引擎把网上所有的信息都下载到它的数据中心，搜索的时候，就会得到一个列表，这个列表之所以会出现在搜索引擎里，就是因为搜索引擎公司把数据都下载下来了，点击链接时出来的网站就不在搜索引擎公司了。假设新浪有个新闻，可以利用百度搜出来，搜索的新闻结果那一页在百度数据中心，点击链接出来的网页就是在新浪的数据中心了。第二种方式是推送，有很多终端可以帮助收集数据。例如小米手环可以将用户每天跑步的数据、心跳的数据、睡眠的数据都上传到数据中心。

第二个步骤是数据的传输。一般会通过队列方式进行，因为数据量太大，受到网络传输的限制，只能逐个处理。

第三个步骤是数据的存储。现在数据就是资源，掌握了数据就相当于掌握了资源。购物网站能够掌握客户的需求就是因为它存储了用户大量的历史交易数据。

第四个步骤是数据的处理和分析。第三步存储的数据是原始数据，原始数据多是杂乱无章的，包含很多垃圾数据，因而需要清洗和过滤，得到高质量的数据。对于高质量的数据，就可以进行分析和分类，进而发现数据之间的相互关系，得到知识。

例如盛传的沃尔玛超市的啤酒和尿布的故事，就是将数据升华为智慧最好的范例。通过对客户的购买数据进行分析，商家发现了男人买尿布的时候，往往也会同时购买啤酒这一现象，因此建立了啤酒和尿布之间的联系，获得了知识。然后商家将该知识应用到实践中，将啤酒和尿布放置在比较近的地方，结果两种商品的销售额均得到了大幅提升。

第五个步骤是对于数据的检索和挖掘。检索就是搜索，百度是当前著名的搜索引擎之一，它将分析后的数据放入搜索引擎，因此人们想寻找信息的时候，直接搜索即可得到结果。

3. 人工智能拥抱大数据

虽说在大数据平台，借助于搜索引擎，想要什么信息基本立刻就能够找到，但也存在这样的情况：想找的信息不会表达，搜索出来的并不是想要的信息。

例如音乐软件向你推荐了一首歌，这首歌你从没听过，当然不知道名字，所以没法搜索。但是软件却可以将你喜欢的歌曲推荐给你，这就是搜索做不到的事情。当人们使用这种应用时，会发现机器知道人们想要什么，而不是当人们想要时，去机器里面搜索。这个机器就像你的朋友一样懂你，这就具有人工智能的功能了。

人们很早就在考虑这个问题了。在图灵测试的时代，人们想象有一堵墙，墙后面有台机器，只要人和它交流，它就会回应。如果人们分辨不出它是人还是机器，那它就真的具有人工智能的功能了。

如何让机器学会推理呢？首先要告诉计算机人类推理的能力，让机器根据人类的提问，推理出相应的回答。

其实目前机器已经能够完成一些推理了，如数学公式的证明，这是一个令人鼓舞的进步。但这个过程实现起来相对容易一些，因为数学公式的推理过程非常严谨，而且相对来说，数学公式比较适合借助于程序进行表达。

然而人类的语言就没这么简单了。例如中文文本是基于单字的，词与词之间没有显著的界限标志，中文分词就是通过在原本没有空格分隔的句子中增加空格或其他标识来完成。另外，很多词语在不同的语境中具有不同的含义，例如："这件衣服是今年的新款，很潮"和"连着下了几天的雨，衣服都很潮"，在这两句话中，"很潮"这个词的含义不同，机器就比较难以理解了。

因此，仅仅告诉机器严格的推理是不够的，还要告诉机器一些知识。这些知识来源于数据的积累，人工智能从大量数据中经过总结获得知识。

人工智能的这部分内容叫作专家系统。专家系统不易实现，一方面是因为知识比较难总结，另一方面则是由于总结出来的知识难以教给计算机。虽然人类觉得有规律，但很难通过编程实现。于是人们开始思考：能否让机器自己学习？机器怎么学习？既然机器的统计能力很强，基于统计的功能进行学习，一定能从大量的数字中发现一定的规律。这就是人工智能依赖大数据的原因。

人工智能可以做很多事情，如鉴别垃圾邮件、鉴别文字和图片等，其发展经历了3个阶段。第一个阶段依赖于关键词、黑白名单和过滤技术。随着网络用语越来越多，各类用词也在不断地发生变化，不断更新词库就变得不太现实。第二个阶段基于一些新的算法，如贝叶斯过滤，这是一个基于概率的算法。第三个阶段则借助于大数据和人工智能，进行更加精准的用户画像、文本理解和图像理解。

人工智能算法多依赖于大量的数据，这些数据往往需要面向某个特定的领域（如电商、邮箱）进行长期的积累，如果没有数据，就算人工智能算法再强大也不能实现智慧，所以人工智能程序很少像 IaaS 和 PaaS 一样，给每个客户单独安装一套供客户使用。因为这种情况下，客户没有相关的数据做训练，运行效果往往很差。

一般情况下，云计算、大数据、人工智能都安装在一个云计算平台上。一个积累了大量数据的大数据公司，会使用一些人工智能的算法提供相应的服务；同样地，一个人工智能公司也不可能没有大数据平台支撑。

 学习笔记

任务 3.3　云计算关键技术

要想让云计算技术更好地为用户服务，发挥更好的性能，需要高性能计算技术、分布式数据存储技术、虚拟化技术和安全管理技术等支撑云计算系统。

3.3.1　高性能计算技术

随着人们对计算机计算速度的要求不断提高，高性能计算应运而生。高性能计算技术的不断发展，催生出了云计算技术，可以说高性能计算技术是云计算的关键技术之一。

1. 高性能计算概述

高性能计算（high performance compuing，HPC）通常指使用很多处理器（作为单个机器的一部分）或者某一集群组织中的几台计算机（作为单个计算资源操作）的计算系统和环境。高性能计算机的发展趋势主要表现在网络化、体系结构主流化、开放和标准化、应用的多样化等方面。网络化的趋势将是高性能计算机最重要的趋势。高性能计算机的主要用途是作为网络计算环境中的主机。以后越来越多的应用是在网络环境下的应用，会出现数以十亿计的客户端设备，所有重要的数据及应用都会放在高性能服务器上，Client/server 模式会进入第二代，即服务器聚集的模式，这是一个发展趋势。

随着计算机技术的飞速发展，高性能计算速度不断提高，其标准也不断变化更新，对称多处理（symmetrical muti-processing，SMP）、大规模并行处理、集群系统、网格计算等都是高性能计算技术的内容。

2. 对称多处理

对称多处理是指在一个计算机上汇集了一组处理器（多 CPU），各 CPU 之间共享内存子系统及总线结构，它是相对非对称多处理技术而言的、应用十分广泛的并行技术。在这种架构中，一台计算机不再由单个 CPU 组成，而同时由多个处理器运行操作系统的单一复本，并共享内存和一台计算机的其他资源。虽然同时使用多个 CPU，但是从管理的角度来看，它们的表现就像一台单机一样。系统将任务队列对称地分布于多个 CPU 之上，从而极大地提高了整个系统的数据处理能力。所有的处理器都可以平等地访问内存、I/O 和外部中断。在对称多处理系统中，系统资源被系统中所有的 CPU 共享，工作负载能够均匀地分配到所有可用处理器之上。

平时所说的双 CPU 系统，实际上是对称多处理系统中最常见的一种，通常称为"2 路对称多处理"，它在普通的商业、家庭应用中并没有太多实际用途，但在专业制作，如 3ds Max、Photoshop 等软件应用中获得了非常好的性能表现，是组建廉价工作站的良好伙伴。随着用户应用水平的提高，只使用单个处理器确实已经很难满足实际应用的需求，因而各服务器厂商纷纷通过采用对称多处理系统来解决这一矛盾。在国内市场上这类机型的处理器一般以 4 个或 8 个为主，有少数有 16 个处理器。但是一般来讲，SMP 结构的机器可扩展性较差，很难做到 100 个以上多处理器，常规的一般是 8~16 个，不过这对于大多数的用户来说已经够用了。这种机器的好处在于它的使用方式和微机或工作站的区别不大，编程的变化相对来说比较小，原来用微机工作站编写的程序如果要移植到 SMP 机器上使用，改动起来也相对比较容易。SMP 结构的机型可用性比较差。因为 4 个或 8 个处理器共享一个操作系统和一个存储器，一旦操作系统出现了问题，整个机器就完全瘫痪了。而且由于这个机器的可扩展性较差，因而不容易保护用户的投资。但是这类机型技术比较成熟，相应的软件也比较多，因此现在国内市场上推出的并行机大多是这一种。PC 服务器中最常见的对称多处理系统通常采用 2 路、4 路、6 路或 8 路处理器。目前 UNIX 服务器可支持最多 64 个 CPU 的系统。SMP 系统中最关键的技术是如何更好地解决多个处理器的相互通信和协调问题。

3. 大规模并行处理

大规模并行处理（massively parallel processing，MPP）是采用大量处理单元对问题进行求解的一种并行处理技术。大规模并行处理的思想始于 20 世纪 50 年代。1950 年，冯·诺依曼就提出了自复制细胞自动机的概念。1958 年，斯蒂文·尤格提出了构造二维单指令流多数据流（SIMD）阵列机的设想，1963 年曾按这种构想提出了 2 种方案：Soloman 系统和 nliac Ⅲ，但均以失败告终。nliac Ⅳ 可以说是大规模并行处理计算机的鼻祖。该机将阵列分成 4 个象限，每个象限包含 8×8 个处理器（PE），每个 PE 可以和上下左右 4 个 PE 通信，这种设计思想对多处理机阵列结构的研究及设计产生了极大的影响。

从技术角度看，MPP 系统分为单指令流多数据流（SIMD）系统和多指令流多数据流（MIMD）系统两大类。SIMD 系统结构简单，应用面窄，MIMD 系统则是主流，有的 MIMD 系统亦同时支持 SIMD 方式。MPP 系统的主存储器体系分为集中共享方式和分布共享方式两大类，分布共享方式则是一种趋势。

MPP 系统的成熟和普及还需要做大量的工作，要研究更好的、更通用的体系结构，更有效的通信机制，更有效的并行算法，更好的软件优化技术，同时要着重解决 MPP 系统程序设计十分困难的问题，提供良好的操作系统和高级程序语言，以及提供方便用户使用的、可视化的、交互式软件开发工具。

4. 集群系统

集群（cluster）技术可以在付出较低成本的情况下获得在性能、可靠性、灵活性方面相对较高的收益，其任务调度则是集群系统中的核心技术。

集群是一组相互独立的、通过高速网络互联的计算机，它们构成了一个组，并以单一系统的模式加以管理。当一个客户与集群相互作用时，集群像是一个独立的服务器。通过集群系统，可以达到如下目的。

（1）提高性能。

一些计算密集型应用，如天气预报、核试验模拟等，需要计算机有很强的运算处理能力，而现有的技术，即使是普通的大型机也很难胜任。这时，一般都使用计算机集群技术，集中几十台甚至上百台计算机的运算能力来满足要求。提高处理性能一直是集群技术研究的一个重要目标。

(2) 降低成本。

通常一套配置较好的集群系统，其软硬件开销要超过几十万元，但是与价值上百万元甚至上千万元的专用超级计算机相比还是便宜了很多。在达到同样性能的条件下，采用计算机集群比采用同等运算能力的大型计算机具有更高的性价比。

(3) 提高可扩展性。

用户若想扩展系统能力，不得不购买更高性能的服务器，才能获得额外所需的CPU和存储器。若采用集群技术，则只需要将新的服务器加入集群中即可，从客户角度来看，服务无论从连续性还是性能上都几乎没有变化，好像系统在不知不觉中完成了升级。

(4) 增强可靠性。

集群技术使系统在故障发生时仍可以继续工作，将系统停机时间减到最短。集群系统在提高系统可靠性的同时，也大大减少了故障损失。

5. 网格计算

网格计算（grid computing）是伴随着互联网而迅速发展起来的、专门针对复杂科学计算的新型计算模式。这种计算模式是利用互联网把分散在不同地理位置的计算机组织成一个虚拟的超级计算机，其中每一台参与计算的计算机就是一个节点，而整个计算是由成千上万个节点组成的一张网格，所以这种计算方式称为网格计算。这样组织起来的虚拟的超级计算机有2个优势：一个是数据处理能力超强，另一个是能充分利用网络上的闲置处理能力。

实际上，网格计算是分布式计算（distributed computing）的一种，如果说某项工作是分布式的，那么参与这项工作的一定不只有一台计算机，而是一个计算机网络，显然这种"蚂蚁搬山"的方式将具有很强的数据处理能力。

充分利用网络上的闲置处理能力则是网格计算的一个优势。网格计算模式首先把要计算的数据分割成若干片段，而计算这些数据片段的软件通常是一个预先编制好的屏幕保护程序，然后不同节点的计算机可以根据自己的处理能力下载一个或多个数据片段和相应的屏幕保护程序。只要某节点的计算机用户不使用计算机，屏保程序就会工作，这样这台计算机的闲置计算能力就被充分地调动起来了。

网格计算的起源是由于单台高性能计算机已经不能胜任一些超大规模应用问题的解决，于是，人们想象分布在世界各地的超级计算机的计算能力能否通过广域互联技术使其像电力资源那样输送到每位用户，以解决一些大规模科学与工程计算等问题，从而形成了计算网格（又称网格计算系统）。网格计算作为虚拟的整体使用在地理上分散的异构计算资源，这些资源包括高速互联的异构计算机、数据库、科学仪器、文件和超级计算系统等。使用计算网格，一方面能聚集分散的计算能力，形成超级计算的能力，解决诸如虚拟核爆炸、新药研制、气象预报和环境等重大科学研究和技术应用领域的问题；另一方面能使人们共享广域网络中的异构资源，使各种资源得以充分利用。

网格计算系统主要包括网格节点、网格系统软件、网格应用。网格节点是地理上独立的计算和信息中心。网格系统软件起着关键的作用，统一管理计算网格，将各个节点集成起来，组成一个虚拟协同高性能计算环境，向社会大众和各领域的科研机构统一提供高性能计算和海量信息处理服务。网格应用是以生物、气象、能源、石油、水利等行业的重大应用为背景建立的应用。网格计算系统具有资源分布性、管理多重性、动态多样性、结构可扩展性等特点，其节点及各种资源分布于不同的地方，隶属于不同的所有者，多层管理，为了完成特定的工作，各种各样的异构资源可动态组合，规模可不断加大。

在云计算概念刚被提出时，有人指出云计算的本质就是网格计算，应该说云计算是一种宽泛的概念，它允许用户通过互联网访问各种基于 IT 资源的服务，这种服务允许用户在不了解底层 IT 基础设施架构的条件下就能够享受到作为服务的 IT 相关资源。无论是网格计算还是云计算，都试图将各种 IT 资源看成一个虚拟的资源池，然后向外提供相应的服务。云计算试图让"用户透明地使用资源"，而网格计算当初的口号就是让"使用 IT 资源像用水用电一样简单"。

网格计算的内涵主要有 2 个方面：一方面，它在效用计算或随需计算方面与云计算很相似，即通过多个资源池或者分布式的计算资源提供在线计算及存储等服务；另一方面，它就是所谓的虚拟超级计算机，以松耦合的方式将大量的计算资源链接在一起提供单个计算资源所无法完成的超级计算能力，这也是狭义上的网格计算与云计算概念上的差别。可以说网格计算是云计算的关键技术之一。

3.3.2 分布式数据存储技术

分布式数据存储是指将数据分散存储到多台数据存储服务器上。分布式数据存储目前很多都借鉴了 Google 的经验，在众多的服务器上搭建一个分布式文件系统，再在这个分布式文件系统上实现相关的数据存储业务，甚至是再实现二级存储业务。

分布式数据存储技术包含非结构化数据存储和结构化数据存储。其中，非结构化数据存储主要采用文件存储和对象存储技术，而结构化数据存储主要采用分布式数据库技术，特别是 NoSQL 数据库。

1. 分布式文件系统

随着人们越来越多地使用计算机系统，数据量呈指数级增长，为了存储和管理云计算系统中的海量数据，Google 提出分布式文件系统（Google file system，GFS）。GFS 成为分布式文件系统的典型案例。Apache Hadoop 项目的 HDFS 实现了 GFS 的开源版本。

GFS 是一个大规模分布式文件存储系统，但是和传统分布式文件存储系统不同的是，GFS 在设计之初就考虑到云计算环境的典型特点：节点由廉价不可靠的 PC 构建，因而硬件失败是一种常态而非特例；数据规模很大，因而相应文件 I/O 单位要重新设计；大部分数据更新操作为数据追加，如何提高数据追加的性能成为性能优化的关键。相应地，GFS 在设计上有以下特点。

（1）利用多副本自动复制技术，用软件的可靠性来弥补硬件可靠性的不足。

（2）将元数据和用户数据分开，用单点或少量的元数据服务器进行元数据管理，大量的用户数据节点存储分块的用户数据，规模可以达到 PB 级。

（3）面向一次写多次读的数据处理应用，将存储与计算结合在一起，利用分布式文件系统中数据的位置相关性进行高效的并行计算。

GFS/HDFS 非常适于进行以大文件形式存储的海量数据的并行处理，但是，当文件系统的文件数量持续上升时，元数据服务器的可扩展性面临极限。以 HDFS 为例，它只能支持千万级的文件数量，若用于存储互联网应用的小文件，则有困难。在这种应用场景下，分布式对象存储系统更为有效。

2. 分布式对象存储系统

与分布式文件系统不同，分布式对象存储系统不包含树状名称空间，因此在数量增长时可以更有效地将元数据平衡地分布到多个节点上，提供理论上无限的可扩展性。

分布式对象存储系统是对传统的块设备存储的延伸，具有更高的"智能"：上层通过对象 ID 来访问对象，而不需要了解对象的具体空间分布情况。相对于分布式文件系统，在支撑互联网服务时，分布式对象存储系统具有如下优势。

（1）相对于分布式文件系统复杂的 API，分布式对象存储系统仅提供基于对象的创建、读取、更新、删除等简单接口，在使用时更方便而且语义没有歧义。

（2）分布式对象存储系统提供了更大的管理灵活性，既可以在所有对象之上构建树状逻辑结构，又可以用对象进行自我管理，还可以只在部分对象之上构建树状逻辑结构，甚至可以在同一组对象之上构建多个名称空间。

亚马逊的 S3 属于对象存储服务。S3 通过 Http REST 接口进行数据访问，按照用量和流量进行计费，其他云服务商也都提供了类似的接口服务。很多互联网服务商，如 Facebook 等也都构建了对象存储系统，用于存储图片等小型文件。

3. 分布式数据库系统

传统的单机数据库采用向上扩展的思路来解决计算能力和存储能力不足的问题，即增加 CPU 处理能力、内存和磁盘数量。这种系统目前最多能够支持几个 TB 数据的存储和处理，远不能满足实际需求。采用集群设计的分布式数据库逐步成为主流。传统的集群数据库的解决方案大体分为以下两大类。

（1）share-everything。数据库节点之间共享资源，如磁盘、缓存等。当节点数量增大时，节点之间的通信将成为瓶颈，而且处理各个节点对数据的访问控制也为事务处理带来麻烦。

（2）share-nothing。所有的数据库服务器之间并不共享任何信息。当任意一个节点接到查询任务时，都会将任务分解到其他所有的节点上，每个节点单独处理并返回结果。但由于每个节点容纳的数据和规模并不相同，因而如何保证一个查询能够被均衡地分配到集群中成为关键问题。同时，节点在运算时可能从其他节点获取数据，这同样也延长了数据处理时间。在处理数据更新请求时，share nothing 数据库需要保证多节点的数据一致性，需要快速准确定位到数据所在节点。

在大数据环境下，大部分应用不需要支持完整的 SQL 语义，而只需要 KeyValue 形式或略复杂的查询语义。在这样的背景下，进一步简化的各种 NoSQL 数据库成为云计算中的结构化数据存储的重要技术。

Google 的 BigTable 是一个典型的分布式结构化数据存储系统。在表中，数据是以列族为单位组织的，列族用一个单一的键值作为索引，通过这个键值，数据和对数据的操作都可以分布到多个节点上进行。

在开源社区中，Apache HBase 使用了和 BigTable 类似的结构，基于 Hadoop 平台提供 BigTable 的数据模型，而 Cassandra 则采用了亚马逊 Dynamo 的基于 DHT 的完全分布式结构，实现更好的可扩展性。

3.3.3 虚拟化技术

云计算的本质是服务，服务意味着一种可按需取用的状态。虚拟化是从单一的逻辑角度来看待和使用不同物理资源的方法，是物理资源的逻辑抽象。有人把云计算等同于虚拟化，这个说法不够准确。不采用虚拟化技术，也可以提供云计算服务，但要想真正发挥云计算的优势，虚拟化技术必不可少。虚拟化技术是云计算中的核心技术之一，它可以让 IT 基础更加灵活化，更易于调度，且能更加有效地进行虚拟机之间的隔离。

1. 虚拟化概述

虚拟化是将信息系统的各种物理资源，如服务器、网络、内存及数据等，进行抽象、转换后呈现出来，打破实体结构间的不可切割的障碍，使用户可以更好地应用这些资源。这些新虚拟出来的资源不受现有资源的架设方法、地域或物理配置的限制。虚拟化的本质就是将原来运行在真实环境上的计算系统或组件运行在虚拟出来的环境中，其工作原理如图 3-5 所示。

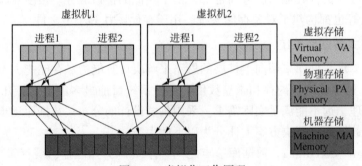

图 3-5 虚拟化工作原理

一般所指的虚拟化资源包括计算能力和存储能力。

虚拟化技术实现了软件与硬件分离，用户不需要考虑后台的具体硬件实现，而只需在虚拟层环境上看待资源和运行自己的系统及软件。

2. 虚拟化的分类

虚拟化技术按应用的领域，可以分为计算机虚拟化、存储虚拟化、网络虚拟化、应用虚拟化和桌面虚拟化。

1）计算机虚拟化

计算机虚拟化也称服务器虚拟化，可以将一个物理计算机虚拟成若干个计算机使用，每个安装在虚拟计算机上的操作系统和运行的应用程序，不会"察觉"虚拟机与实际硬件的区别。图 3-6 说明了计算机虚拟化的原理：物理资源通过虚拟化软件形成虚拟资源池，再由资源池中分出部分资源构成虚拟机。

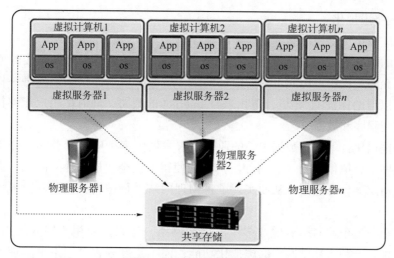

图 3-6　计算机虚拟化的原理

2）存储虚拟化

　　存储虚拟化就是把多个存储介质模块（如硬盘、RAID）集中管理起来，所有的存储介质模块在一个存储池中统一管理，从计算机角度看到的不是多个硬盘，而是一个分区或者卷，就好像是个超大容量的硬盘。这种可以将多种、多个存储设备统一管理起来，为使用者提供大容量、高数据传输性能的存储系统，称为虚拟存储。如图 3-7 所示，虚拟引擎把多种物理存储虚拟成存储资源池，用户可从存储资源池中直接得到存储资源，而不需要知道物理存储的细节。

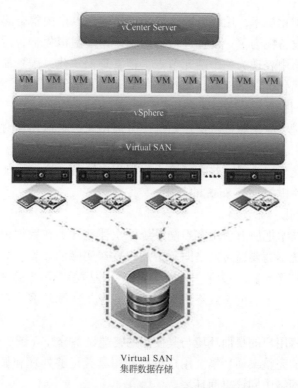

图 3-7　存储虚拟化示意图

3）网络虚拟化

网络虚拟化可分为纵向分割和横向整合。

早期的网络虚拟化是指虚拟专用网络（VPN）。VPN 是对网络连接的概念进行的抽象，允许远程用户访问组织的内部网络，就像物理上连接到该网络一样。网络虚拟化可以帮助保护 IT 环境，防止来自 Internet 的威胁，同时使用户能够快速安全地访问应用程序和数据。

网络虚拟化技术随着数据中心的业务要求发展为多种应用承载在一张物理网络上，通过网络虚拟化分测（纵向分割）功能使得不同企业机构相互隔离，但可在同一网络上访问其自身应用，从而实现了将物理网络进行逻辑纵向分割，虚拟化为多个网络。

如果把一个企业网络分隔成多个不同的网络，让它们使用不同的规则和控制，用户就可以充分利用基础网络的虚拟化功能，而不是部署多套网络来实现各路隔离机制。

网络虚拟化并不是什么新概念，因为多年来，虚拟局域网（VLAN）技术作为基本隔离技术已经被广泛应用。当前在交换网络上，通过 VLAN 来区分不同业务网段、配合防火墙等安全产品划分安全区域，是数据中心基本设计内容之一。

从另外一个角度看，多个网络节点（包括网络交换路由设备、服务器等）承载上层应用，基于冗余的网络设计带来复杂性，而将多个网络节点进行整合，虚拟化成一台逻辑设备，在提升数据中心网络可用性、节点性能的同时将极大地简化网络架构。

使用网络虚拟化技术，用户可以将多台设备连接，横向整合起来组成一个联合设备，并将这些设备视为单一设备进行管理和使用。虚拟化整合后的设备组成一个逻辑单元，在网络中表现为一个网元节点，使管理简单化、配置简单化，可跨设备链路聚合，极大简化了网络架构，同时进一步增强了冗余可靠性。

4）应用虚拟化

应用虚拟化是将应用软件从操作系统中分离出来，将应用从对底层系统和硬件的依赖中抽象出来，从而解除应用与操作系统和硬件的耦合关系。当应用程序运行在本地应用虚拟化环境中时，这个环境为应用程序屏蔽了底层可能与其他应用产生冲突的内容。应用虚拟化是 SaaS 的基础。

5）桌面虚拟化

桌面虚拟化技术把所有应用客户端系统一次性地部署在数据中心的一台专用服务上。客户端系统不需要通过网络向每个用户发送实际的数据，只需传送虚拟的客户端界面（屏幕图像更新、按键、鼠标移动等）并显示在用户的计算机上。这个过程对最终用户是一目了然的，最终用户的感觉好像是实际的客户端软件正在桌面上运行一样。

桌面虚拟化将用户的桌面环境与其使用的终端设备分开（图3-8）。服务器上存放的是每个用户的完整桌面环境。用户可以使用具有足够处理和显示功能的不同终端设备，并通过网络访问该桌面环境。

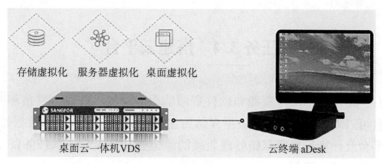

存储虚拟化 服务器虚拟化 桌面虚拟化

桌面云一体机VDS   云终端 aDesk

图 3-8 桌面虚拟化示意图

3.3.4 安全管理技术

安全问题是用户是否选择云计算的主要顾虑之一。传统集中式管理方式下也有安全问题，云计算的多租户、分布性、对网络和服务提供者的依赖性，为安全问题带来新的挑战。其中，主要的数据安全问题和风险内容如下。

(1) 数据存储及访问控制。数据存储及访问控制包括如何有效存储数据以避免数据丢失或损坏，如何避免数据被非法访问和篡改，如何对多租户应用进行数据隔离，如何避免数据服务被阻塞，如何确保云端退役数据的妥善保管或销毁等。

(2) 数据传输保护。数据传输保护包括如何避免数据被窃取或攻击，如何保证数据在分布式应用中有效传递等。

(3) 数据隐私及敏感信息保护。数据隐私及敏感信息保护包括如何保护数据所有权，并可根据需要提供给受信方使用，如何将个人身份信息及第三方数据移动到云端使用等。

(4) 数据可用性。数据可用性包括如何提供稳定可靠的数据服务以保证业务的持续性，如何进行有效的数据容灾及恢复等。

(5) 依从性管理。依从性管理包括如何保证数据服务及管理符合法律及政策的要求等。

相应的数据安全管理技术内容如下。

(1) 数据保护及隐私，包括虚拟镜像安全、数据加密及解密、数据验证、密钥管理、数据恢复、云迁移的数据安全等。

(2) 身份及访问管理，包括身份验证、目录服务、身份鉴别/单点登录、个人身份信息保护、安全断言标记语言、虚拟资源访问、多租用数据授权、基于角色的数据访问和云防火墙技术等。

(3) 数据传输，包括传输加密及解密、密钥管理、信任管理等。

(4) 可用性管理，包括单点失败、主机防攻击和容灾保护等。

(5) 日志管理，包括日志系统监控、可用性监控、流量监控、数据完整性监控和网络入侵监控等。

(6) 审计管理，包括审计信任管理、审计数据加密等。

(7) 依从性管理，包括确保数据存储和使用等符合相关的风险管理和安全管理的规定要求。

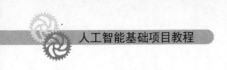
任务 3.4　搭建云平台

云平台，是指基于硬件资源和软件资源的服务，提供计算、网络和存储能力。云计算平台可以划分为 3 类：以数据存储为主的存储型云平台，以数据处理为主的计算型云平台及计算和数据存储处理兼顾的综合云计算平台。本任务以 VMware 产品为例，搭建一个云平台。

VMware 软件原生集成计算、网络和存储虚拟化技术及自动化和管理功能，支持企业革新其基础架构、自动化 IT 服务的交付和管理及运行新式云原生应用和基于微服务应用，使数据中心具备云服务提供商的敏捷性和经济性，并可扩展到弹性混合云环境。

3.4.1　安装 VMware

首先从 VMware 的官网（https://www.vmware.com/cn.html）下载 VMware Workstation Pro For Windows，借助 VMware Workstation Pro 可以同时将多个虚拟机系统在单台 Windows PC 上运行。安装 VMware Workstation Pro 非常简单，一直单击"下一步"即可安装成功，安装成功后即可启动软件。

3.4.2　创建虚拟机

在 VMware 的主界面上，单击"创建新的虚拟机"，如图 3-9 所示。

图 3-9　创建新虚拟机

VMware 会弹出新建虚拟机向导对话框，选择"典型（推荐）"选项，单击下一步，如图 3-10 所示。

图 3-10　选择虚拟机典型配置

在安装客户机操作系统这一步，选中"稍后安装操作系统"，如果需要直接安装操作系统，可以选择安装程序光盘或 ISO 文件，再单击"下一步"，如图 3-11 所示。

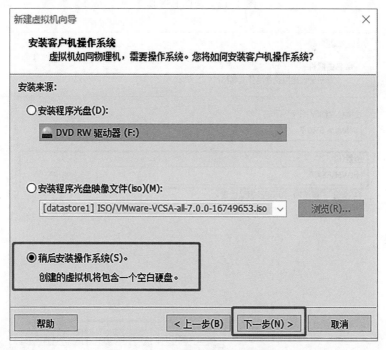

图 3-11　选择操作系统安装盘

这里选择安装 VMware ESXi 7。VMware ESXi 7 是 vSphere7 云端系统，是

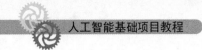

人工智能基础项目教程

VMware Cloud Foundation 的核心服务。

客户机操作系统中选择"VMware ESX",选择"VMware ESXi 7 和更高版本",再单击"下一步",如图 3-12 所示。下一步选择 ESXi 系统安装位置,如图 3-13所示。

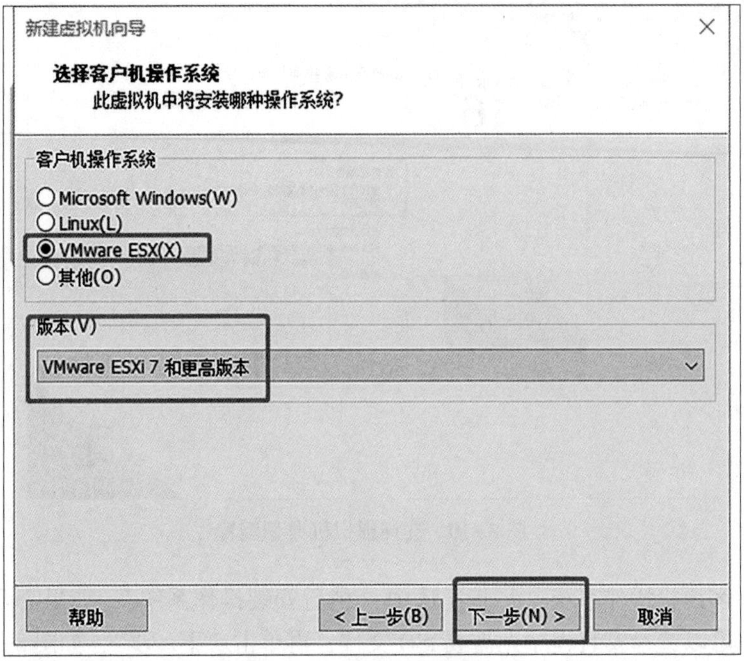

图 3-12　选择 ESX 版本

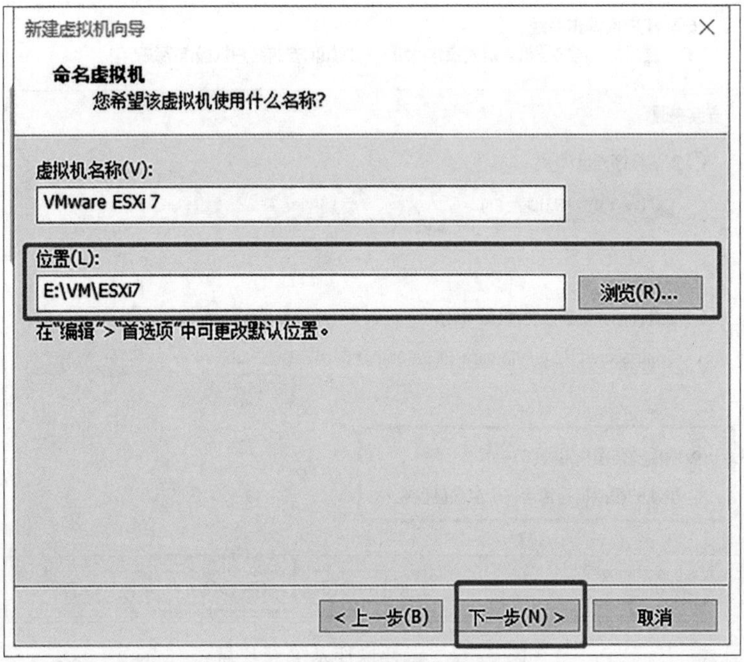

图 3-13　选择 ESXi 系统安装位置

VMware ESXi 7 需要的磁盘至少 142.0 GB，如果磁盘容量不够大，可以考虑使用较低版本，如 VMware ESXi 6.7。硬盘容量默认 142.0 GB，选中"将虚拟磁盘存储为单个文件"，选择单个文件可以提高磁盘读写性能，再单击"下一步"，如图 3-14 所示。

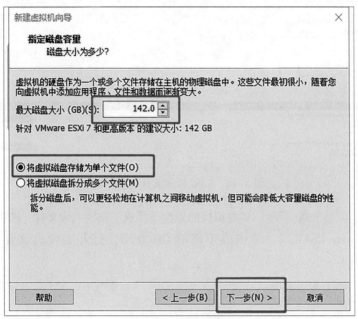

图 3-14 指定磁盘大小

最后确认虚拟机信息，单击"完成"按钮，即可完成虚拟机的创建，如图 3-15所示。

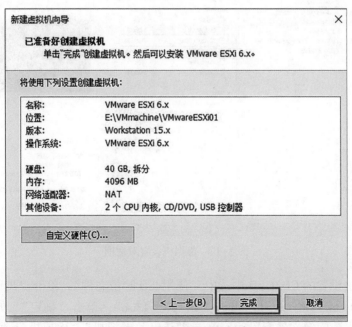

图 3-15 完成虚拟机的创建

3.4.3 安装虚拟机镜像

第一步,从 http://www.VMware.com 网站下载 ESXi 镜像文件,其下载界面如图 3-16 所示。

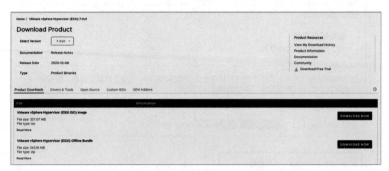

图 3-16 ESXi 镜像文件下载界面

第二步,安装 ESXi 系统,将虚拟机的光盘选择成下载的镜像文件,选中刚创建好的虚拟机"VMware ESXi 7",单击虚拟机的 CD/DVD,打开虚拟机设置对话框,如图 3-17所示。

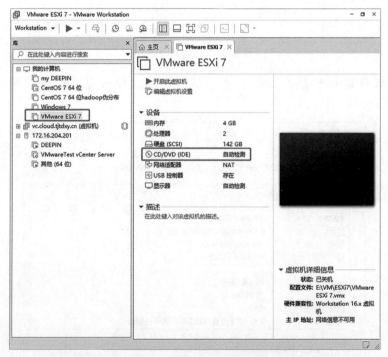

图 3-17 虚拟机设置对话框

在虚拟机设置的 CD/DVD 中选中"使用 ISO 映像文件",单击"浏览",选择镜像文件"VMware-VMvisor-Installer-7.0.x86_64.iso",单击"确定",如图 3-18 所示。在完成安装镜像文件配置后,单击"开启此虚拟机",虚拟机启动后会自动加载安装程序，最后停在欢迎界面，如图 3-19 所示。

图 3-18　虚拟机设置

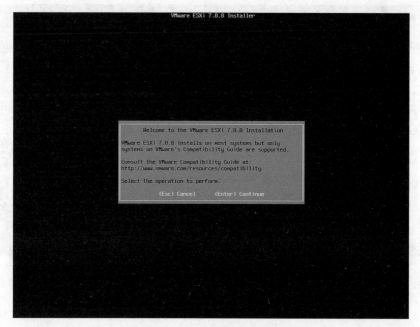

图 3-19　虚拟机安装欢迎界面

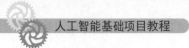

按 Enter 键进入安装过程，按 Esc 退出，下一步是接受协议的选择，按 F11 键同意并继续，如图 3-20 所示。

```
        End User License Agreement (EULA)

VMWARE END USER LICENSE AGREEMENT

PLEASE NOTE THAT THE TERMS OF THIS END USER LICENSE
AGREEMENT SHALL GOVERN YOUR USE OF THE SOFTWARE, REGARDLESS
OF ANY TERMS THAT MAY APPEAR DURING THE INSTALLATION OF THE
SOFTWARE.

IMPORTANT-READ CAREFULLY:   BY DOWNLOADING, INSTALLING, OR
USING THE SOFTWARE, YOU (THE INDIVIDUAL OR LEGAL ENTITY)
AGREE TO BE BOUND BY THE TERMS OF THIS END USER LICENSE
AGREEMENT ("EULA").  IF YOU DO NOT AGREE TO THE TERMS OF
THIS EULA, YOU MUST NOT DOWNLOAD, INSTALL, OR USE THE
SOFTWARE, AND YOU MUST DELETE OR RETURN THE UNUSED SOFTWARE
TO THE VENDOR FROM WHICH YOU ACQUIRED IT WITHIN THIRTY (30)
DAYS AND REQUEST A REFUND OF THE LICENSE FEE, IF ANY, THAT

        Use the arrow keys to scroll the EULA text

   (ESC) Do not Accept          (F11) Accept and Continue
```

图 3-20　安装协议

选择安装的磁盘，按 Enter 键继续，如果有新接入的存储设备，可以按 F5 键刷新设备，如图 3-21 所示。

```
            Select a Disk to Install or Upgrade
    (any existing VMFS-3 will be automatically upgraded to VMFS-5)

* Contains a VMFS partition
# Claimed by VMware vSAN

Storage Device                                          Capacity
----------------------------------------------------------------
Local:
   VMware,  VMware Virtual S (mpx.vmhba0:C0:T0:L0)       142.00 GiB
Remote:
   (none)



   (Esc) Cancel    (F1) Details    (F5) Refresh    (Enter) Continue
```

图 3-21　选择安装磁盘

选择键盘布局，已选中美式默认，按 Enter 键继续，如图 3-22 所示。

图 3-22 选择键盘布局

输入 Root 密码，这个密码作为登录系统的密码，如图 3-23 所示。

图 3-23 确认 Root 密码

在 Root 密码和系统登录密码确认设置好后，按 F11 键确认安装信息，如图 3-24 所示。

图 3-24 确认安装信息

安装完成后，需要移除光盘介质，按 Enter 键重新启动，如图 3-25 所示。

```
                    Installation Complete

ESXi 7.0.0 has been installed successfully.

ESXi 7.0.0 will operate in evaluation mode for 60 days.
To use ESXi 7.0.0 after the evaluation period, you must
register for a VMware product license.

To administer your server, navigate to the server's
hostname or IP address from your web browser or use the
Direct Control User Interface.

Remove the installation media before rebooting.

Reboot the server to start using ESXi 7.0.0.

                    (Enter) Reboot
```

图 3-25 安装完成

第三步，需要对安装好的 ESXi 进行配置，重启服务器，进入系统界面，如图 3-26所示。

图 3-26 系统界面

按 F2 键进入修改系统/视图日志，如图 3-27 所示。

选中配置管理网络，按 Enter 键进入网络配置界面，选择 IPv4 配置，如图 3-28 所示。

按空格键可选中"设置静态 IPv4 地址和网络配置"，配置 IP 地址、子网掩码和默认网关，最后按 Enter 键确认。

至此，云平台基本的搭建工作已经完成。可以从任意一台与 VMware ESXi 7 服务器连接的计算机上登录云平台，通过浏览器输入管理网络 IP 地址，输入用户名、密码，单击"登录"进入云平台，如图 3-29 所示。

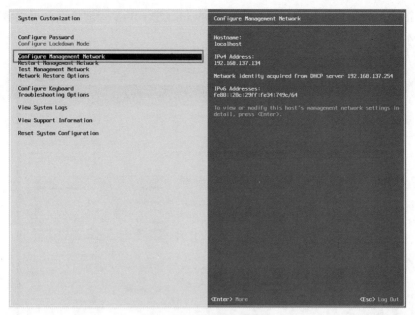

图 3-27　配置管理网络

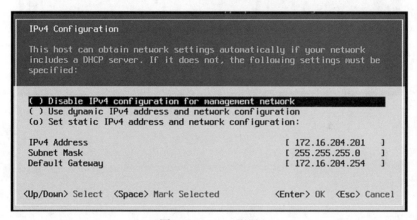

图 3-28　IPv4 配置

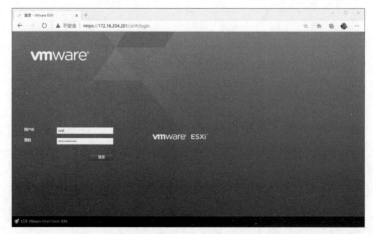

图 3-29　VMware 云平台登录界面

在正确输入用户名和密码后，进入 VMware ESXi Web 管理界面，可以看到云主机的基本信息，如图 3-30 所示。

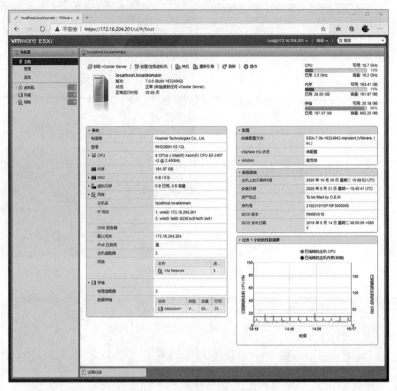

图 3-30　VMware 云主机的基本信息

学习笔记

课后习题

1. 简述云计算与人工智能的关系。

_____

_____

_____

_____

_____

2. 简述云服务的内容有哪些。

_____

_____

_____

_____

_____

3. 简述云计算的关键技术有哪些。

_____

_____

_____

_____

_____

4. 请按照书中内容尝试搭建一个私有云平台。

_____

_____

_____

_____

_____

参考答案

项目4 人工智能基础知识

微课+课件

 项目目标

1. 掌握机器学习的概念及机器学习的分类。
2. 了解机器学习的一些常见算法。
3. 掌握强化学习和神经网络的概念。
4. 了解强化学习和神经网络的常见算法。
5. 掌握人工智能、机器学习、强化学习、神经网络之间的关系。
6. 掌握计算机视觉的应用领域。
7. 了解计算机视觉领域的一些常见处理方法。
8. 掌握自然语言处理的应用领域。
9. 了解自然语言处理领域的一些常见处理方法。

项目导读

目前，在计算机领域内，人工智能得到了越来越广泛的重视，并已在机器人、控制系统、仿真系统中得到应用，如用于机器视觉中的指纹识别、人脸识别、视网膜识别、虹膜识别、掌纹识别及专家系统等。人工智能是研究、解释和模拟人类智能、智能行为及其规律的一门学科，其主要任务是建立智能信息处理理论，进而设计可以展现某些近似于人类智能行为的计算系统。人工智能作为计算机科学的一个重要分支和计算机应用的一个广阔的新领域，它同能源技术、空间技术一起被称为20世纪三大尖端科技。人工智能学科研究的主要内容包括：机器学习、强化学习、神经网络、计算机视觉、自然语言处理等。

学习笔记

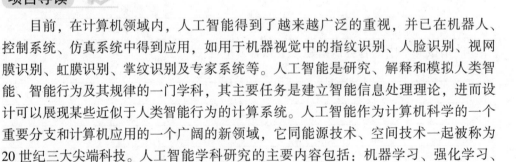

![靶心图标] 项目实施

任务 4.1　机器学习

机器学习是一种实现人工智能的方法，最基本的做法是，使用算法解析数据并从中学习，然后对真实世界中的事件做出决策和预测。与传统的为解决特定任务、硬编码的软件程序不同，机器学习是用大量的数据进行"训练"，通过各种算法从数据中学习如何完成任务。机器学习源于早期的人工智能领域，传统的算法包括决策树、聚类、贝叶斯分类、支持向量机、EM、Adaboost 等。从学习方法上来分，机器学习算法可以分为监督学习（如分类问题）、非监督学习（如聚类问题）、半监督学习和强化学习等。

4.1.1　监督学习

监督学习是根据已有的数据集，知道输入和输出结果之间的关系，然后根据这种已知的关系，训练得到一个最优的模型。也就是说，在监督学习中训练数据既有特征又有标签，通过训练，让机器可以自己找到特征和标签之间的联系，在面对只有特征没有标签的数据时，可以判断出标签。监督学习常见的算法有以下几种。

1. 支持向量机（support vector machine，SVM）

SVM 是一类按监督学习方式对数据进行二元分类的广义线性分类器，其决策边界是对学习样本求解的最大边距超平面。例如，如图 4-1 所示，在纸上有两类线性可分的点，支持向量机会寻找一条直线将这两类点区分开来，并且与这些点的距离都尽可能远。

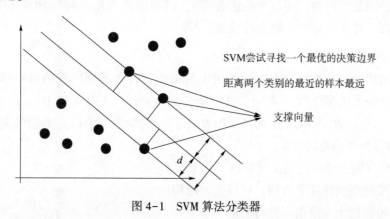

图 4-1　SVM 算法分类器

该算法的优点主要包括以下几个方面。

（1）使用核函数可以向高维空间进行映射。

（2）使用核函数可以解决非线性的分类。

（3）分类思想很简单，就是将样本与决策面的间隔最大化。

（4）分类效果较好。

该算法的缺点主要有以下几个方面。

（1）SVM 算法对大规模训练样本难以实施。

（2）用 SVM 算法解决多分类问题存在困难。

（3）对缺失数据敏感，对参数和核函数的选择敏感。

SVM 算法的应用范围包括：语音识别数据、图像分类（非线性数据）、医学分析（非线性数据）、文本分类（许多特征）。

2. 决策树

决策树是一个预测模型，代表的是对象属性与对象值之间的一种映射关系。

决策树的优点主要有以下几个方面。

（1）不需要归一化或缩放数据。

（2）处理缺失值：缺失值不会产生重大影响。

（3）易于向非技术团队成员解释。

（4）轻松可视化。

（5）自动特征选择：不相关的特征不会影响决策树。

决策树的缺点主要有以下几个方面。

（1）容易过度拟合。

（2）对数据敏感。如果数据稍有变化，结果可能会在很大程度上发生变化。

（3）训练决策树需要更长的时间。

决策树的应用范围包括：预测买家违约的可能性，寻找哪一种策略可以使利润最大化，寻找成本最小化的策略，确定哪一种特性对吸引和留住客户最重要（是购物的频率、频繁的折扣，还是产品组合等），机器故障诊断（持续测量压力、振动和其他参数，并在故障发生前进行预测）等。

3. 朴素贝叶斯分类

对于给出的待分类项，求解此项出现的条件下各个类别出现的概率哪个最大，就认为此待分类项属于哪个类别。贝叶斯公式为：$P(A \mid B) = P(B \mid A) \cdot P(A) / P(B)$，其中 $P(A \mid B)$ 表示后验概率，$P(B \mid A)$ 是似然值，$P(A)$ 是类别的先验概率，$P(B)$ 代表预测器的先验概率。

朴素贝叶斯分类的优点主要有以下几个方面。

（1）实时预测速度非常快，可以实时使用。

（2）可通过大型数据集进行扩展。

（3）对无关特征不敏感。

（4）可以有效地进行多类预测。

（5）具有高维数据的良好性能（特征数量很大）。

朴素贝叶斯分类的缺点主要有以下几个方面。

（1）特征的独立性不成立：朴素贝叶斯分类的基本假设是每个特征对结果做出独立且平等的贡献。但是，大多数情况下不满足此条件。

（2）训练数据应该很好地代表总体：如果没有一起出现类别标签和某个属性值，则后验概率为零。因此，如果训练数据不能代表总体，那么朴素贝叶斯分类将无法很好地工作。

朴素贝叶斯分类的应用范围包括：文本分类（可以预测多个类别，并且不介意处理不相关的特征）、垃圾邮件过滤（识别垃圾邮件）、情感分析（在社交媒体分析中识别正面和负面情绪）、推荐系统（推荐用户下一步将购买什么）。

4. k 近邻算法（k-nearest neighbor，KNN）

KNN 是一种基于实例的学习，采用测量不同特征值之间的距离方法进行分类。其基本思路是：给定一个训练样本集，然后输入没有标签的新数据，将新数据的每个特征与样本集中数据对应的特征进行比较，找到最邻近的 k 个（通常是不大于 20 的整数）实例，这 k 个实例的多数属于某个类，就把该输入实例分到这个类中。

KNN 的优点主要有以下几个方面。

（1）简单易懂，易于实现。

（2）没有关于数据的假设（例如，在线性回归的情况下假设因变量和自变量线性相关，在朴素贝叶斯分类中假设特征彼此独立，但是 KNN 不对数据做任何假设）。

（3）不断扩展的模型：当暴露于新数据时，它会更改以适应新数据点。

（4）多类问题也可以解决。

（5）一个超级参数：在选择第一个超级参数时，KNN 可能需要一些时间，但剩下的参数是一致的。

KNN 的缺点主要有以下几个方面。

（1）训练样本效率低下。

（2）高度数据相关：在特征空间中，如果在需要预测的样本周边有两个样本出现错误值，就足以导致预测结果错误。

（3）无法做到预测结果的可解释性。

（4）维数灾难：随着维度的增加，"看似相近"的两个点之间的距离越来越大。

KNN 的应用范围包括：文本分类、图像处理。

4.1.2　非监督学习

在非监督学习中，不知道数据集中数据、特征之间的关系，而是要根据聚类或一定的模型得到数据之间的关系。

可以这么说，比起监督学习，非监督学习更像是自学，让机器学会自己做事情，数据是没有标签的。非监督学习常见的算法有以下几种。

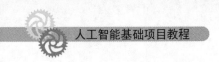
1. 主成分分析（principal component analysis，PCA）

PCA 是一种统计方法。其主要思想是将 n 维特征映射到 k 维上，这 k 维是全新的正交特征，也被称为主成分，是在原有 n 维特征的基础上重新构造出来的 k 维特征。PCA 算法模型图如图 4-2 所示。

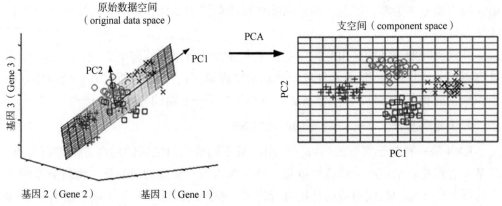

图 4-2　PCA 算法模型图

该算法的优点有：降低数据的复杂性，识别最重要的多个特征。

该算法的缺点有：主成分各个特征维度的含义具有一定的模糊性，不如原始样本特征的解释性强；有可能损失有用的信息。

该算法的应用范围包括：高维数据集的探索与可视化；数据压缩；数据预处理；图像、语音、通信的分析处理；降低维度，去除数据冗余与噪声。

2. 奇异值分解（singular value decomposition，SVD）

SVD 可以将一个比较复杂的矩阵用更小、更简单的几个子矩阵的相乘来表示，这些小矩阵描述的是矩阵的重要特性。

该算法的优点有：简化数据，去除噪声点，提高算法的结果。

该算法的缺点有：数据的转换可能难以理解。

该算法的应用场景包括：推荐系统、图片压缩等。

3. k 均值聚类（k-means）

k 均值聚类是一种迭代求解的聚类分析算法，采用距离作为相似性指标。其工作流程是随机确定 k 个对象作为初始的聚类中心，然后计算每个对象与各个种子聚类中心之间的距离，把每个对象分配给距离它最近的聚类中心。k 均值聚类算法模型图如图 4-3 所示。

该算法的优点有：算法简单容易实现。

该算法的缺点有：可能收敛到局部最小值，在大规模数据集上收敛较慢。

该算法的应用场景包括：图像处理、数据分析及市场研究等。

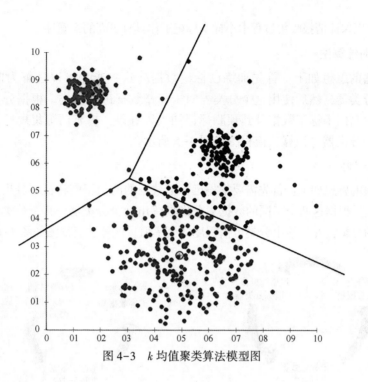

图 4-3　k 均值聚类算法模型图

4.1.3　半监督学习

传统的机器学习技术分为两类,一类是非监督学习,另一类是监督学习。非监督学习只利用未标记的样本集,而监督学习则只利用标记的样本集。但在很多实际问题中,只有少量的带有标记的数据,因为对数据进行标记的代价有时很高。比如在生物学中,对某种蛋白质的结构分析或者功能鉴定,可能会花费生物学家很多年的时间,而大量的未标记的数据却很容易得到。这就促使能同时利用标记样本和未标记样本的半监督学习技术迅速发展起来。半监督学习常见的算法有以下几种。

1. 生成模型算法

该算法的思想如下:假设一个模型,其分布满足:$P(x,y)=P(y)P(x\,|\,y)$。其中,$P(x\,|\,y)$ 是已知的条件概率分布。那么大量未标记数据的联合分布就可以被确定。生成模型算法的流程图如图 4-4 所示。

确定条件概率分布 ➡ 对全体数据集聚类 ➡ "感染" 聚类项

图 4-4　生成模型算法的流程图

半监督学习方法可以对同时含有已标记的和未标记的数据集进行聚类,然后通过聚类结果每一类中所含有的任何一个已标记数据实例来确定该聚类全体的标签。此外,考虑聚类算法可能存在误差,需要对某个分类的聚类结果中未标记的样本更加慎重。这个时候可以考虑表决法,根据聚类结果中某已标记分类的样本多少来决定是否"感染",也就是对未标记样本进行标记。而处在聚类边缘的样本,可以考虑通过其他算法完成标记，这样可以保证情报收集过程中小样本标记工作具有更高的准确性。

2. 自训练算法

该算法的思想如下：首先训练已标记数据（这一步也可以理解为监督训练），得到一个分类器，然后使用这个分类器对未标记数据进行分类。根据分类结果，将可信程度较高的未标记数据及其预测标记加入训练集，扩充训练集规模，重新学习以得到新的分类器。该算法流程图如图4-5所示。

3. 联合训练

该算法的思想如下：首先需要根据已标记数据的两组不同特征划分出不同的两个数据集，然后根据这两个不同的数据集分别训练出两个分类器。每个分类器用于未标记数据集的分类，并且给出分类可信程度的概率值。该算法流程图如图4-6所示。

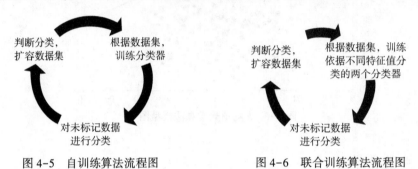

图4-5　自训练算法流程图　　　　　图4-6　联合训练算法流程图

事实上，不同分类器可以给出不同的概率值。将概率值高低分类加入数据集，进而影响每个判别器的重新生成，逐步提升判别器的泛化能力。

4. 半监督支持向量机

半监督支持向量机（semi-supervised support vector machine，S3VM）由直推学习支持向量机（transductive support vector machine，TSVM）变化而来。S3VM算法同时使用已标记数据和未标记数据来寻找一个拥有最大类间距的分类面。

图4-7为S3VM的示意图。其中实心图形（圆形、正方形）代表已标记数据，而空心图形代表未标记数据。

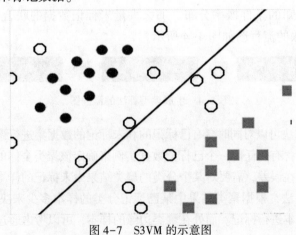

图4-7　S3VM的示意图

S3VM 处于混合整数程序中，通常难以处理。该种算法一般用于文本分类、邮件分类、图像分类及生物医学命名实体识别等情景。

5. 基于图论的算法

该算法的思想如下：首先从训练样本中构建图，图的顶点是已标记或者未标记的训练样本。两个顶点 x_i，x_j 之间的无向边表示两个样本的相似性，又称两个样本的相似性度量。根据图中的度量关系和相似程度，构造 k 聚类图，然后再根据已标记的数据信息去标记未标记数据。基于图论的算法流程图如图 4-8 所示。

图 4-8　基于图论的算法流程图

![学习笔记]

任务 4.2 强化学习

强化学习（RL）作为机器学习的一个子领域，其灵感来源于心理学中的行为主义理论，即智能体如何在环境给予的奖励或惩罚的刺激下，逐步形成对刺激的预期，产生能获得最大利益的习惯性行为。它强调如何基于环境而行动，以取得最大化的预期利益。通俗地讲，就是根据环境学习一套策略，能够最大化期望奖励。由于它具有普适性，因而在很多学科领域中被广泛研究，如自动驾驶、博弈论、控制论、运筹学、信息论、仿真优化、多主体系统学习、群体智能、统计学以及遗传算法等。

RL 最早可以追溯到巴甫洛夫的条件反射实验，它从动物行为研究和优化控制两个领域独立发展，最终经贝尔曼之手将其抽象为马尔可夫决策过程（Markov decision process，MDP）

1. RL 和监督学习、非监督学习之间的区别

（1）RL 并不需要出现正确的输入/输出对，也不需要精确校正次优化的行为。它更加专注于在线规划，需要在探索和遵从之间找到平衡，其学习过程是智能体不断地和环境进行交互，不断进行试错的反复练习。

（2）RL 学习过程中没有监督者，只有奖励信号；反馈信号是延迟的，不是立即生成的；RL 是序列学习，时间在 RL 中具有重要的意义。

（3）RL 并不需要带有标签的数据，有可以交互的环境即可。

2. 常见算法

RL 的算法主要分为两大类：基于值的算法（如 Q-learning、Sarsa、DQN 等）和基于策略的算法（其中 Policy Gradient 是最基础的一种算法）。Actor-critic（AC）则是一个将基于值和基于策略两种算法的优点结合起来的框架，在此框架下包括 A2C、TRPO 及 PPO 等算法。

3. RL 目前的应用场景

（1）自动驾驶：自动驾驶载体。

（2）控制论（离散和连续大动作空间）：玩具直升机、Gymm_control 物理部件控制、机器人行走、机械臂控制等。

（3）游戏：Go、Atari 2600 等。

（4）理解机器学习：自然语言识别和处理、文本序列预测。

（5）超参数学习：神经网络参数自动设计。

（6）问答系统：对话系统。

（7）推荐系统：商品推荐、广告投放。

（8）智能电网：电网负荷调试、调度等。

（9）通信网络：动态路由、流量分配等。

（10）物理化学实验：定量实验、核束碰撞、粒子束流调试等。

（11）程序学习和网络安全：网络攻防等。

任务 4.3　神经网络

4.3.1　什么是神经网络

神经网络起源于对生物神经元的研究，如图 4-9 所示，生物神经元包括细胞体、树突、轴突等部分。其中树突用于接收输入信息，输入信息经过突触处理，当达到一定条件时通过轴突传出，此时神经元处于激活状态；反之没有达到相应条件，则神经元处于抑制状态。

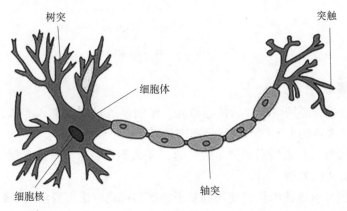

图 4-9　生物神经元

受到生物神经元的启发，1943 年心理学家 McCulloch 和数学家 Pitts 提出了人工神经元的概念。人工神经元又称感知机，输入经过加权和偏置后，由激活函数处理后决定输出。

其中生物神经元和人工神经元对应关系见表 4-1。

表 4-1　生物神经元和人工神经元对应关系

生物神经元	人工神经元
细胞核	神经元
树突	输入
轴突	输出
突触	权重

由大量的人工神经元互相连接而形成的复杂网络结构成为人工神经网络（artificial neural network，ANN），通常简称为神经网络。

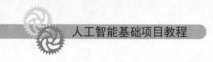
4.3.2 神经网络的相关概念

1. 输入层、隐含层及输出层

一般的神经网络包含以下几个部分：输入层、隐含层和输出层。图4-10是一个含有隐含层的人工神经网络图，隐含层的层数越多，隐含层节点数目越多，在非线性的激活函数下，神经网络就可以学习更深层次的特征。

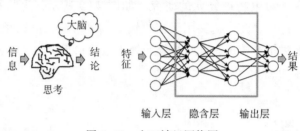

图4-10　人工神经网络图

2. 激活函数

激活函数是神经网络设计的核心单元，激活函数是用来加入非线性因素的，因为线性模型的表达能力不够。激活函数需要满足以下几个条件。

（1）非线性：如果激活函数是线性的，那么不管引入多少隐含层，其效果和单层感知机没有任何差别。

（2）可微性：训练网络时使用的基于梯度的优化方法需要激活函数必须可微。

（3）单调性：单调性保证了神经网络模型简单。

3. 损失函数

损失函数也叫代价函数，是神经网络优化的目标函数，神经网络训练或者优化的过程就是最小化损失函数的过程（损失函数值越小，对应预测的结果和真实结果的值就越接近）。

4. 反向传播算法

反向传播（back propagation，BP）算法分为信号正向传播和误差反向传播两个部分。信号正向传播时，输入样本从输入层进入网络，经隐含层逐层传递至输出层，如果输出层的实际输出与期望输出（导师信号）不同，则转至误差反向传播；如果输出层的实际输出与期望输出相同，则结束学习算法。误差反向传播时，将输出误差（期望输出与实际输出之差）按原通路反传计算，通过隐含层反向，直至输入层，在反传过程中将误差分摊给各层的各个单元，获得各层各单元的误差信号，并将其作为修正各单元权值的根据。这一计算过程使用梯度下降法完成，在不停地调整各层神经元的权值和阈值后，使误差信号减小到最低限度。权值和阈值不断调整的过程，就是网络的学习与训练过程，经过信号正向传播与误差反向传播，权值和阈值的调整反复进行，一直进行到预先设定的学习训练次数或输出误差减小到允许的程度。

4.3.3　神经网络常用算法

1. 单层感知器

单层感知器是指只有一层处理单元的感知器，它的结构与功能都非常简单，通过对网络权值的训练，可以使感知器对一组输入矢量的响应达到元素为 0 或 1 的目标输出，从而实现对输入矢量分类的目的。目前该算法在解决实际问题时很少被采用，但由于它在神经网络研究中具有重要意义，是研究其他网络的基础，而且较易学习和理解，适合于作为学习神经网络的起点。

2. 多层感知器

多层感知器是对单层感知器的推广，它能够成功解决单层感知器所不能解决的非线性可分问题，在输入层与输出层之间引入隐含层作为输入模式的"内部表示"，即可将单层感知器变成多层感知器。

3. 线性神经网络

线性神经网络类似于感知器，但是线性神经网络的激活函数是线性的，而不是硬线转移函数。因此线性神经网络的输出可以是任意值，而感知器的输出不是 0 就是 1。线性神经网络最早的典型代表是自适应线性元件网络，它是一个由输入层和输出层构成的单层前馈性网络。自适应线性神经网络的学习算法比感知器的学习算法在收敛速度和精度上都有较大的提高，自适应线性神经网络主要用于函数逼近、信号预测、系统辨识、模式识别和控制等领域。

4. BP 神经网络

BP 神经网络是一种按误差逆传播算法训练的多层前馈网络，在人工神经网络的实际应用中，80% ~ 90% 的人工神经网络模型采用 BP 网络或者它的变化形式，它也是前向网络的核心部分，体现了人工神经网络最精华的部分。BP 神经网络由信息正向传播和误差反向传播两个过程组成。输入层各神经元负责接收来自外界的输入信息，并传递给中间层各神经元；中间层是内部信息处理层，负责信息变换，根据信息变化能力的需求，中间层可以设计为单隐含层或者多隐含层结构；最后一个隐含层传递给输出层各神经元的信息，经过一步处理后完成一次学习的正向传播处理过程，由输出层向外界输出信息处理结果。当实际输出与期望输出不符时，进入误差反向传播阶段。误差通过输出层，按误差梯度下降的方式修正各层权值，向隐含层、输入层逐层反传。周而复始的信息正向传播和误差反向传播过程，是各层权值不断调整的过程，也是神经网络学习训练的过程，此过程一直进行到网络输出的误差减小到可以接受的程度，或者达到预先设定的学习次数为止。

BP 神经网络主要应用于以下几个方面。

(1) 函数逼近：用输入矢量和相应的输出矢量训练一个网络逼近一个函数。

(2) 模式识别：用一个特定的输出矢量将它与输入矢量联系起来。

（3）分类：对输入矢量以所定义的合适方式进行分类。

（4）数据压缩：减少输出矢量维数以便于传输或存储。

5. 反馈神经网络

在多输入/多输出的动态系统中，控制对象特性复杂，使用传统方法难以描述复杂的系统。为控制对象建立模型可以减少没有模型时进行实验带来的负面影响，模型显得尤为重要。但是，前馈神经网络从结构上来说属于一种静态网络，其输入、输出向量之间是简单的非线性函数映射关系。实际应用中，系统过程大多是动态的，前馈神经网络辨识就暴露出明显的不足，它只是非线性对应网络，无反馈记忆环节，因此，利用反馈神经网络的动态特性就可以克服前馈神经网络的缺点，使神经网络更加接近系统的实际过程。

Hopfield 神经网络主要应用于：数字识别、高校科研能力评价及联想记忆的程序。

6. 径向基（RBF）神经网络

RBF 神经网络是一个三层的网络，除输入、输出层之外，仅有一个隐含层。隐含层中的转换函数是局部响应的高斯函数，而其他前向型网络的转换函数一般都是全局响应函数。由于这样的差异，要实现同样的功能，RBF 神经网络需要更多的神经元，这就是 RBF 神经网络不能取代标准前向型网络的原因。但是 RBF 神经网络的训练时间更短，它对函数的逼近是最优的，可以以任意精度逼近任意连续函数。隐含层中的神经元越多，逼近越精确。

RBF 神经网络的应用包括：曲线拟合、实现非线性函数回归。

7. 自组织神经网络

自组织神经网络是一种无教师监督学习，具有自组织功能的神经网络。网络通过自身的训练，能自动对输入模式进行分类，一般由输入层和竞争层构成。两层之间各神经元实现双向连接，而且网络没有隐含层。有时，竞争层之间还存在横向连接。

4.3.4　神经网络的主要应用

在处理问题的过程中，许多信息来源既不完整，又包含假象，而决策规则有时相互矛盾，有时无章可循，这都给传统的信息处理方式带来了很大的困难，而神经网络却能很好地处理这些问题，并给出合理的识别与判断。神经网络主要有以下几方面的应用。

1. 信息处理

现代信息处理要解决的问题是很复杂的，人工神经网络通过模仿或代替与人的思维有关的功能，可以实现自动诊断、问题求解，解决传统方法所不能或难以解决的问题。人工神经网络系统具有很高的容错性、鲁棒性及自组织性，即使连接线遭到很高程度的破坏，它仍能处在优化工作状态，因此在军事系统电子设备中得到广泛的应用。现有的智能信息系统有智能仪器、自动跟踪监测仪器系统、自动控制制导系统、自动故障诊断和报警系统等。

2. 模式识别

模式识别是通过对表征事物或现象的各种形式的信息进行处理和分析，来对事物或现象进行描述、辨认、分类和解释的过程。该技术以贝叶斯概率论和申农的信息论为理论基础，对信息的处理过程更接近人类大脑的逻辑思维过程。目前有两种基本的模式识别方法，即统计模式识别方法和结构模式识别方法。人工神经网络是模式识别中的常用方法，近年来发展起来的人工神经网络模式的识别方法逐渐取代了传统的模式识别方法。经过多年的研究和发展，模式识别已成为当前比较先进的技术，被广泛应用到文字识别、语音识别、指纹识别、遥感图像识别、人脸识别、手写体字符的识别、工业故障检测、精确制导等方面。

3. 生物医学信号的检测与分析

大部分医学检测设备都是以连续波形的方式输出数据的，这些波形是诊断的依据。人工神经网络是由大量的简单处理单元连接而成的自适应动力学系统，具有巨量并行性、分布式存储、自适应学习的自组织等功能，可以用它来解决生物医学信号分析处理中采用常规方法难以解决或无法解决的问题。神经网络在生物医学信号检测与处理中的应用主要集中在对脑电信号的分析、听觉诱发电位信号的提取、肌电和胃肠电等信号的识别、心电信号的压缩、医学图像的识别和处理等方面。

4. 医学专家系统

传统的医学专家系统是把专家的经验和知识以规则的形式存储在计算机中，建立知识库，用逻辑推理的方式进行医疗诊断。但是在实际应用中，随着数据库规模的增大，将导致知识"爆炸"，在知识获取途径中也存在"瓶颈"问题，致使工作效率很低。以非线性并行处理为基础的神经网络为医学专家系统的研究指明了新的发展方向，解决了医学专家系统的以上问题，并提高了知识的推理、自组织、自学习能力，因此在医学专家系统中得到广泛的应用和发展。例如，在麻醉与危重医学等相关领域的研究中，涉及多生理变量的分析与预测、信号的处理、干扰信号的自动区分检测、各种临床状况的预测等，都可以应用到人工神经网络技术。

5. 市场价格预测

对商品价格变动的分析可归结为对影响市场供求关系的诸多因素的综合分析，传统的统计经济学方法因其固有的局限性，难以对价格变动做出科学的预测，而人工神经网络容易处理不完整的、模糊不确定或规律性不明显的数据，所以用人工神经网络进行市场价格预测有着传统方法无法相比的优势。从市场价格的确定机制出发，依据影响商品价格的家庭户数、人均可支配收入、贷款利率、城市化水平等复杂多变的因素，可建立较为准确、可靠的模型。该模型可以对商品价格的变动趋势进行科学预测，并得到准确、客观的评价结果。

6. 风险评估

风险是指在从事某项特定活动的过程中，因其存在的不确定性而产生的经济或财务的损失、自然破坏或损伤的可能性。防范风险的最佳办法就是事先对风险做出科学的预测和评估。应用人工神经网络的预测思想就是根据具体现实的风险来源，构造出适合实际情况的信用风险模型的结构和算法，得到风险评价系数，然后确定实际问题的解决方案。利用该模型进行实证分析能够弥补主观评估的不足，可以取得满意的效果。

7. 控制系统

人工神经网络由于其独特的模型结构、固有的非线性模拟能力、高度的自适应和容错特性等突出特征，在控制系统中获得了广泛的应用。在各类控制器框架结构的基础上，加入非线性自适应学习机制，可以使控制器具有更好的性能。基本的控制结构有监督控制、直接逆控制、模型参考自适应控制、内模控制、预测控制、最优决策控制等。

8. 交通领域

近年来人们对神经网络在交通运输系统中的应用开始了深入的研究。交通运输问题是高度非线性的，可获得的交通数据通常是大量的、复杂的，用神经网络处理相关问题有着巨大的优越性，其应用范围涉及汽车驾驶员行为的模拟、参数估计、路面维护、车辆检测与分类、交通模式分析、货物运营管理、交通流量预测、运输策略与经济、交通环保、空中运输、船舶的自动导航及船只的辨认、地铁运营及交通控制等领域，并已经取得了很好的效果。

9. 心理学领域

神经网络模型自其形成开始，就与心理学就有着密不可分的联系。神经网络抽象于神经元的信息处理功能，其训练则反映了感觉、记忆、学习等认知过程。人们通过不断的研究，变化着人工神经网络的结构模型和学习规则，从不同角度探讨着神经网络的认知功能，为其在心理学的研究奠定了坚实的基础。近年来，人工神经网络模型已经成为探讨社会认知、记忆、学习等高级心理过程机制的不可或缺的工具。人工神经网络模型还可以对脑损伤病人的认知缺陷进行研究，对传统的认知定位机制提出了挑战。

虽然人工神经网络已经取得了一定的进步，但是还存在许多缺陷，如：应用面不够宽阔、结果不够精确；现有模型算法的训练速度不够高；算法的集成度不够高。因此需要在理论上寻找新的突破点，建立新的通用模型和算法，同时进一步对生物神经元系统进行研究，不断丰富人们对人脑神经的认识。

📖 学习笔记

任务 4.4　计算机视觉

计算机视觉（computer vision，CV）技术使计算机模拟人类的视觉过程，具有感受环境的能力和人类视觉功能的技术，是图像处理、人工智能和模式识别等技术的综合。中国的光学字符识别（optical character recognition，OCR）信函分拣机应用了这一技术。

4.4.1　传统的计算机视觉信息的处理技术

传统的计算机视觉信息的处理技术主要依赖于图像处理方法，它包括图像的增强、平滑、数据编码和传输、边缘锐化、分割、特征提取、图像识别与理解等内容。

1. 图像的增强

图像的增强用于调整图像的对比度，突出图像中的重要细节，改善视觉质量。通常采用灰度直方图修改技术进行图像增强。图像的灰度直方图是表示一幅图像灰度分布情况的统计特性图表，与对比度紧密相连。通过灰度直方图的形状，能判断该图像的清晰度和黑白对比度。如果获得一幅图像的灰度直方图效果不理想，可以通过灰度直方图均衡化处理技术作适当修改，即把一幅已知灰度概率分布图像中的像素灰度作某种映射变换，使它变成一幅具有均匀灰度概率分布的新图像，实现使图像清晰的目的。图像增强效果对比示例图如图 4-11 所示。

图 4-11　图像增强效果对比示例图

2. 图像的平滑

图像的平滑处理技术即图像的去噪声处理，主要是为了去除实际成像过程中因成像设备和环境所造成的图像失真，提取有用信息。众所周知，实际获得的图像在形成、传输、接收和处理的过程中，不可避免地存在外部干扰和内部干扰，如光电转换过程中敏感元件灵敏度的不均匀性、数字化过程的量化噪声、传输过程中的误差及人为因素等，均会使图像变质。因此，去除噪声、恢复原始图像是图像处理中的一个重要内容。图像平滑效果对比示例图如图 4-12 所示。

图 4-12　图像平滑效果对比示例图

3. 图像的数据编码和传输

数字图像的数据量是相当庞大的，一幅 512×512 像素的数字图像的数据量为 256 KB，若假设每秒传输 25 帧图像，则传输的信道速率为 6 400 bit/s。高信道速率意味着高投资，也意味着普及难度的增加，因此，传输过程中，对图像数据进行压缩显得非常重要。数据的压缩主要通过图像数据的编码和变换压缩完成。图像的数据编码一般采用预测编码，即将图像数据的空间变化规律和序列变化规律用一个预测公式表示。如果知道某一像素的前面各相邻像素值，可以用公式预测该像素值。该方法可将一幅图像的数据压缩到为数不多的几十个比特传输，在接收端再变换回去即可。图像压缩效果对比示例图如图 4-13 所示。

原始图像
1 000×1 500，100 KB

压缩后图像
1 000×1 500，250 KB

图 4-13　图像压缩效果对比示例图

4. 图像的边缘锐化

图像边缘锐化处理主要是加强图像中的轮廓边缘和细节，形成完整的物体边界，达到将物体从图像中分离出来或将表示同一物体表面的区域检测出来的目的。它是早期视觉理论和算法中的基本问题，也是中期和后期视觉成败的重要因素之一。图像锐化效果对比示例图如图 4-14 所示。

图 4-14 图像锐化效果对比示例图

5. 图像的分割

图像的分割是将图像分成若干部分，每一部分对应于某一物体表面。在进行分割时，每一部分的灰度或纹理符合某一种均匀测度度量，其本质是将像素进行分类。分类的依据是像素的灰度值、颜色、频谱特性、空间特性或纹理特性等。图像分割是图像处理技术的基本方法之一，应用于诸如染色体分类、景物理解系统、机器视觉等方面。传统的研究中，图像分割主要有两种方法：一是鉴于度量空间的灰度阈值分割法，它根据图像灰度直方图来决定图像空间域像素聚类；二是空间域区域增长分割方法，它是对在某种意义上（如灰度级、组织、梯度等）具有相似性质的像素连通集构成分割区域，该方法有很好的分割效果，但缺点是运算复杂，处理速度慢。图像分割效果示例图如图 4-15 所示。

图 4-15 图像分割效果示例图

近年来，也有学者将图像分割简单地分为数据驱动的分割和模型驱动的分割两大类。

1）数据驱动的分割

常见数据驱动的分割包括基于边缘检测的分割、基于区域的分割、边缘与区域相结合的分割等。

对于基于边缘检测的分割，其基本思想是先检测图像中的边缘点，再按一定策略连接成轮廓，从而构成分割区域。其难点在于边缘检测时抗噪声性能和检测精度的矛盾：若提高检测精度，则噪声产生的伪边缘会导致不合理的轮廓；若提高抗噪声性能，则会产生轮廓漏检和位置偏差。为此，人们提出各种多尺度边缘检测方法，根据实际问题设计多尺度边缘信息的结合方案，以较好地兼顾抗噪声性能和检测精度。

基于区域的分割的基本思想是根据图像数据的特征将图像空间划分成不同的区域，常用的特征包括：直接来自原始图像的灰度或彩色特征；由原始灰度或彩色值变换得到的特征。具体的分割方法有阈值法、区域生长法、聚类法、松弛法等。

边缘检测能够获得灰度或彩色值的局部变化强度，区域分割能够检测特征的相似性与均匀性。若将两者结合起来，通过边缘点的限制，可避免区域的过分割；同时通过区域分割补充漏检的边缘，使轮廓更加完整。例如，先进行边缘检测与连接，再比较相邻区域的特征（灰度均值、方差），若相近则合并；对原始图像分别进行边缘检测和区域生长，获得边缘图和区域片段图后，再按一定的准则融合，得到最终分割结果。

2）模型驱动的分割

常见模型驱动的分割基于的模型包括动态轮廓（Snakes）模型、组合优化模型、目标几何与统计模型。其中，Snakes 模型用于描述分割目标的动态轮廓。由于其能量函数采用积分运算，具有较好的抗噪声性，对目标的局部模糊也不敏感，因而适用性很广。但这种分割方法容易收敛到局部最优，因此要求初始轮廓应尽可能靠近真实轮廓。

近年来对通用分割方法的研究倾向于将分割看作一个组合优化问题，并采用一系列优化策略完成图像分割任务，主要思路是在分割定义的约束条件之外，根据具体任务再定义一个优化目标函数，所求分割的解就是该目标函数在约束条件下的全局最优解。以组合优化的观点处理分割问题，主要是利用一个目标函数综合表示分割的各种要求和约束，将分割变为目标函数的优化求解。由于目标函数通常是一个多变量函数，可采用随机优化的方法。

基于目标几何与统计模型的分割是将目标分割与识别集成在一起的方法，常称作目标检测或提取。其基本思想是将有关目标的几何与统计知识表示成模型，将分割与识别变为匹配或监督分类。常用的模型有模板、特征矢量模型、基于连接的模型等。这种分割方法能够同时完成部分或全部识别任务，具有较高的效率。然而由于成像条件的变化，实际图像中的目标往往与模型有一定的区别，需要面对误检与漏检的问题，匹配时的搜索步骤也颇为费时。

6. 图像的特征提取

经过以上这些处理后，输出图像的质量得到相当程度的改善，既改善了图像的视觉效果，又便于计算机对图像进行分析、处理和识别。传统特征提取算法的方式有尺度不变特征变换匹配算法（SIFT）、加速鲁棒特征算法（SURF）和二进制鲁棒独立基本特征算法（BRIEF）。根据输入图像的类型和质量，不同的算法执行的成功程度不同。最终，整个系统的准确性取决于提取特征的方法。这种方法的主要问题是需要告诉系统在图像中寻找哪些特性。本质上，假设算法按照设计者的定义运行，所提取的特征是人为设计的。在实现中，算法性能差可以通过微调来解决，但是，这样的更改需要手工完成，并且针对特定的应用程序进行硬编码，这对高质量计算机视觉的实现造成了很大的障碍。不过，深度学习的出现解决了这一问题。

当前，深度学习系统在处理一些相关子任务方面取得了重大进展。深度学习最大的不同之处在于，它不再通过精心编程的算法来搜索特定特征，而是训练深度学习系统内的神经网络。随着深度学习系统提供的计算能力的增强，计算机将能够识别并对它所看到的一切做出反应，这一点已经有了显著的进展。

4.4.2　深度学习在计算机视觉分析中的应用

1. 图像分类

给定一组各自被标记为单一类别的图像，然后对一组新的测试图像的类别进行预测，并测量预测的准确性结果，这就是图像分类问题。图像分类问题需要面临以下几个挑战：视点变化、尺度变化、类内变化、图像变形、图像遮挡、照明条件和背景杂斑。图像分类示例图如图 4-16 所示。

图 4-16　图像分类示例图

目前较为流行的图像分类架构是卷积神经网络（CNN）——将图像送入网络，然后网络对图像数据进行分类。卷积神经网络从输入"扫描仪"开始，该输入"扫描仪"也不会一次性解析所有的训练数据。现在，大部分图像分类技术都是在 ImageNet 数据集上训练的，ImageNet 数据集中包含了约 120 万张高分辨率训练图像。测试图像没有初始注释（没有分割或标签），并且算法必须产生标签来指定图像中存在哪些对象。通常来说，计算机视觉系统使用复杂的多级管道，并且早期阶段的算法都是通过优化几个参数来手动微调的。

2. 对象检测

识别图像中的对象这一任务，通常会涉及为各个对象输出边界框和标签。这不同于分类/定位任务——对很多对象进行分类和定位，而不仅仅是对各个主体对象进行分类和定位。在对象检测中，只有 2 个对象分类类别，即对象边界框和非对象边界框。例如，在汽车检测中，必须使用边界框检测所给定图像中的所有汽车（图 4-17）。

图 4-17　对象检测效果示例图

如果使用图像分类和定位图像这样的滑动窗口技术，则需要将卷积神经网络应用于图像上的很多不同物体上。由于卷积神经网络会将图像中的每个物体识别为对象或背景，因此需要在大量的位置和规模上使用卷积神经网络，但是这需要很大的计算量。

为了解决这一问题，神经网络研究人员建议使用区域（region）这一概念，这样就会找到可能包含对象的"斑点"图像区域，运行速度就会大大提高。最常用的模型是基于区域的卷积神经网络（R-CNN）。

3. 目标跟踪

目标跟踪是指在特定场景跟踪某一个或多个特定感兴趣对象的过程。传统的应用就是视频和真实世界的交互，在检测到初始对象之后进行观察（图 4-18）。

鉴于 CNN 在图像分类和目标检测方面的优势，它已成为计算机视觉和视觉跟踪的主流深度模型。一般来说，大规模的卷积神经网络可以作为分类器和跟踪器来训练。具有代表性的基于卷积神经网络的跟踪算法有全卷积网络跟踪器（FCNT）和多域卷积神经网络（MDNet）。

4. 语义分割

计算机视觉的核心是分割，它将整个图像分成一个个像素组，然后对其进行标

图 4-18　目标跟踪效果示例图

记和分类。特别地，语义分割试图在语义上理解图像中每个像素的角色，比如识别它是汽车、摩托车，还是其他的类别。如图 4-19 所示，除了识别人、道路、汽车、树木等之外，还必须确定每个物体的边界。因此，与分类不同，语义分割需要用模型对密集的像素进行预测。

图 4-19　语义分割效果示例图

与其他计算机视觉任务一样，卷积神经网络在分割任务上取得了巨大成功。最流行的原始方法之一是通过滑动窗口进行块分类，利用每个像素周围的图像块，对每个像素分别进行分类。但是其计算效率非常低，因为不能在重叠块之间重用共享特征。这一问题的解决方案就是全卷积网络（FCN），它提出了端到端的卷积神经网络体系结构，在没有任何全连接层的情况下进行密集预测。这种方法允许针对任何尺寸的图像生成分割映射，并且比块分类算法快得多，几乎后续所有的语义分割算法都采用了这种范式。

目前的语义分割研究都依赖于完全卷积网络，如空洞卷积、DeepLab 和 RefineNet。

5. 实例分割

除了语义分割之外，实例分割将不同类型的实例进行分类，比如用 n 种不同颜色来标记 n 辆汽车。通常来说，分类任务就是识别出包含单个对象的图像是什么。图 4-20 为实例分割效果示例图。

图 4-20　实例分割效果示例图

学习笔记

任务 4.5　自然语言处理

自然语言处理（NLP）是现代计算机科学和人工智能领域的一个重要分支，是一门融合了语言学、数学、计算机科学的学科。这一领域的研究涉及自然语言，即人们日常使用的语言，所以它与语言学的研究有着密切的联系，但又有重要的区别。自然语言处理并不是一般地研究自然语言，而在于研发能有效地实现自然语言通信的计算机系统，特别是其中的软件系统，因而它是计算机科学的一部分。

4.5.1　词法分析

词法分析是指基于大数据和用户行为，对自然语言进行中文分词、词性标注、命名实体识别，定位基本语言元素，消除歧义，支撑自然语言的准确理解（图 4-21）。

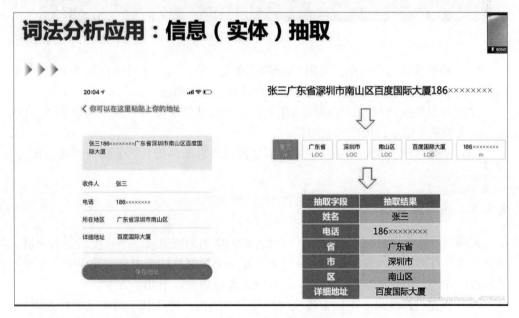

图 4-21　词法分析结果图

（1）中文分词是指将连续的自然语言文本，切分成具有语义合理性和完整性的词汇序列。

（2）词性标注是指将自然语言中的每个词，赋予一个词性，如动词、名词、副词。

（3）命名实体识别，即专有名词识别，识别自然语言文本中具有特殊意义的实体，如人名、机构名、地名。

4.5.2 依存句法分析

利用句子中词与词之间的依存关系，来表示词语的句法结构信息，并用树状结构来表示整句的结构（图 4-22）。依存句法分析主要有以下几方面的作用。

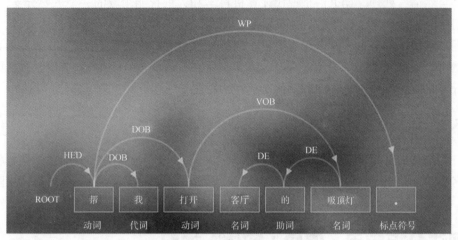

图 4-22　依存句法分析结果图

（1）精准理解用户意图。当用户搜索时输入一个询问，通过依存句法分析，抽取语义主干及相关语义成分，实现对用户意图的精准理解。

（2）知识挖掘。对大量的非结构化文本进行依存句法分析，从中抽取实体、概念、语义关系等信息，构建领域知识。

（3）语言结构匹配。基于句法结构信息进行语言的匹配计算，提升语言匹配计算的准确率。

4.5.3 词向量表示

词向量计算是通过训练的方法，将语言词表中的词映射成一个长度固定的向量。词表中的所有词向量构成了一个向量空间，每一个词都是这个向量空间中的一个点。利用这种方法，实现文本的可计算。该方法主要应用在以下几个方面。

（1）快速召回结果。不同于传统的倒排索引结构，构建基于词向量的快速索引技术，直接从语义相关性的角度召回结果。

（2）个性化推荐。基于用户的过去行为，通过词向量计算，学习用户的兴趣，实现个性化推荐。

图 4-23 为词向量表示结果图。

4.5.4 DNN 语言模型

DNN 语言模型通过计算给定词组成的句子的概率，从而判断所组成的句子是否符合客观语言表达习惯。该模型通常用于机器翻译、拼写纠错、语音识别、问答系统、词性标注、句法分析和信息检索等。图 4-24 为 DNN 语言模型应用结果图。

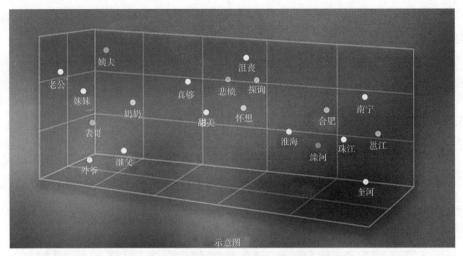

图 4-23　词向量表示结果图

图 4-24　DNN 语言模型应用结果图

4.5.5　词义相似度计算

用于计算两个给定词语的语义相似度，基于自然语言中的分布假设，越是经常共同出现的词之间的相似度越高。词义相似度是自然语言处理中的重要基础技术，是专名挖掘、query 改写、词性标注等常用技术的基础之一。图 4-25 为词义相似度计算效果图。

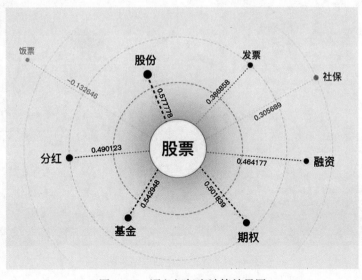

图 4-25　词义相似度计算效果图

（1）专名挖掘是通过词语间语义相关性计算寻找人名、地名、机构名等词的相关词，扩大专有名词的词典，以便更好地辅助应用。

（2）query 改写是通过搜索 query 中词语的相似词，并进行合理的替换，从而达到改写 query 的目的，提高搜索结果的多样性。

4.5.6　短文本相识度计算

短文本相识度计算服务能够计算不同短文本之间的相识度，输出的相识度是一个介于−1 到 1 之间的实数值，数值越大，则相识度越高。这个相识度值可以直接用于结果排序，也可以作为一维基础特征作用于更复杂的系统。图 4−26 为短文本相识度计算结果图。

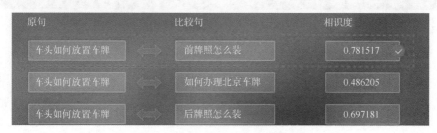

图 4-26　短文本相识度计算结果图

4.5.7　评论观点抽取

自动分析评论关注点和评论观点，并输出评论观点标签及评论观点极性，包括美食、酒店、汽车、景点等，可帮助商家进行产品分析，辅助用户进行消费决策。图 4−27 为评论观点抽取结果图。

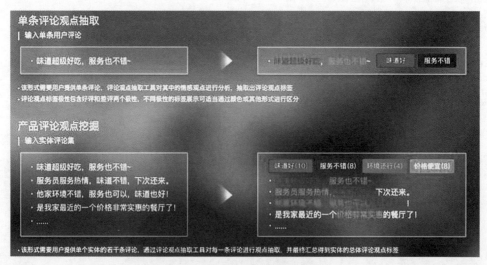

图 4-27　评论观点抽取结果图

4.5.8 情感倾向分析

针对带有主观描述的中文文本，可自动判断该文本的情感极性类别并给出相应的置信度。情感极性分为积极、消极、中性。情感倾向分析能帮助企业理解用户消费习惯、分析热点话题和危机舆情监控，为企业提供有力的决策支持。图 4-28 为情感倾向分析结果图。

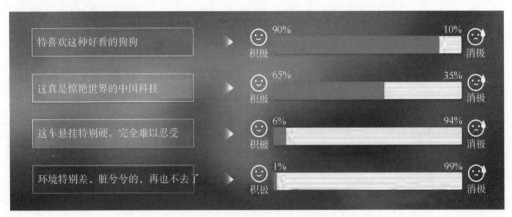

图 4-28 情感倾向分析结果图

学习笔记

课后习题

1. 人工智能研究的主要内容有哪些？

2. 机器学习有哪几种类型的算法？

3. 传统的计算机视觉处理技术有哪些？

参考答案

项目5　人工智能技术在交通系统中的应用

微课+课件

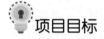 项目目标

1. 掌握人工智能技术在智能交通系统中的应用。
2. 掌握车牌识别的工作原理。
3. 掌握人工智能技术在轨道板裂缝检测中的应用方法。
4. 掌握智能安检技术的工作原理。
5. 掌握智能巡检系统的工作原理。
6. 掌握自动售检票系统的工作原理。
7. 掌握无人驾驶的概念及其工作原理。

项目导读

从图像处理到车牌识别，从模式识别到无人驾驶，人工智能的"演化"给人们的交通出行带来了一次又一次的变革。未来更多智能交通领域的产品会更加依托于人工智能技术的发展，人工智能技术的发展也将使人们的交通出行更便捷、更人性化。

 学习笔记

项目实施

任务 5.1 人工智能技术在智能交通系统中的应用

图像处理，又称影像处理，是指用计算机对图像进行分析，以达到所需结果的技术。图像处理一般指数字图像处理。数字图像是指用工业相机、摄像机、扫描仪等设备经过拍摄得到的一个大的二维数组，该数组的元素称为像素，其值称为灰度值。图像处理技术是目前正在逐渐兴起的技术，一般包括图像压缩，增强和复原，匹配、描述和识别 3 个部分。常见的系统有康耐视系统、基恩士系统等。

随着工业的迅速发展，城市化进程加快，汽车日益普及，世界各国的交通量急剧增加。如何能够改善混乱的交通状况，减少拥堵，提高运输效率及交通的安全性，已成为人们愈加重视的问题。智能交通系统则是在这种情况下产生和发展起来的，它是将先进的信息技术、通信技术、传感技术、控制技术及计算机技术等有效地集成运用于整个交通运输管理体系，而建立起的一种在大范围内、全方位发挥作用的，实时、准确、高效、综合的运输和管理系统。它的作用主要是通过人、车、路的和谐、密切配合，提高交通运输效率，缓解交通阻塞，提高路网通过能力，减少交通事故，降低能源消耗，减轻环境污染。

图像是人类获取和交换信息的主要来源，因此，图像处理的应用领域必然涉及人类生活和工作的方方面面。随着数字图像处理技术的不断发展，以图像处理技术为主的交通视频监测技术的研究已成为智能交通系统的前沿研究领域。数字图像处理技术在智能交通系统中的信息采集、车牌识别（图 5-1、图 5-2）、车辆检测与跟踪（图 5-3）等方面发挥了重要的应用。

图 5-1 车牌识别系统图

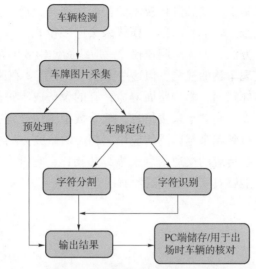

图 5-2　车牌识别系统流程图

图 5-3　车辆检测与跟踪效果图

　　智能交通系统能否高效运行，关键取决于是否能获得全面、准确和实时的动态交通信息。在智能交通系统研究中，能够研究开发出有效获取道路上的运行信息，包括车流量、车速、车型分类、交通密度等信息的交通信息采集设备是实现交通智能化的重要途径。正确有效的交通信息采集可以在正确及时获得交通状况信息的同时，实现对交通状况的有效管理，并发出诱导信息，从而自动调节车流，减少车辆在道路顺畅时在红灯前停留的时间，事先安排疏导交通、肇事报警等功能。因此，在智能交通系统中，交通信息采集技术的不断进步是智能交通系统得以高效发展的基础，是提高交通安全性和效率的前提。

　　随着智能交通采集手段及其分析技术的快速发展，交通信息采集已从静态、人工采集向动态、自动采集转变，从单一模式采集向多模式、多方法采集转变。常用的一些交通信息采集方法，如雷达测速仪、感应线圈、GPS 测速法、红外线检测等，都能在一定程度上实现车辆的检测，但这些方法中有的需要在路面开槽以埋置线圈，从而在一定程度上破坏路面，影响路面寿命；有的设备成本过高，受天气环境影响较大，因此都不能全面、高效地采集信息。随着数字图像处理技术的飞速发展，图像分析法在交通领域得到越来越广泛的应用，相关的研究方向包括软件开发及图像处理算法研究。和一些传统的交通信息采集方法相比，它具有全面、高效、对主线交通无干扰的特点，能够真实反映交通流状况。

✎ 学习笔记

任务 5.2　人工智能技术在轨道板裂缝检测技术方面的应用

随着我国高速铁路大力建设和相关技术的不断更新，无砟轨道作为高速铁路产业的重要组成部分也得到了快速发展。在德国博格板式无砟轨道的基础上，我国经过不断探索创新，研制出具有自主知识产权的 CRTS（China railway track system）系列无砟轨道，并且在国内已经有大量的实际应用。我国当前应用于高速铁路的几种无砟轨道结构类型的使用情况见表 5-1。

表 5-1　我国当前应用于高速铁路的几种无砟轨道结构类型的使用情况

轨道结构类型	应用线路
CRTS Ⅰ 型板式无砟轨道结构	遂渝试验段、石太、哈大客运专线、广深港、广珠、沪宁城际铁路等
CRTS Ⅰ 型双块式无砟轨道结构	武广线、大西线
CRTS Ⅱ 型板式无砟轨道结构	京津城际、京沪高速、京石、石武、津秦、沪杭、合蚌等
CRTS Ⅱ 型双块式无砟轨道结构	郑西线
CRTS Ⅲ 型板式无砟轨道结构	成灌铁路、武汉城市圈城轨铁路、盘营客专、西宝客专、沈丹客专等

由于 CRTS 具有较高的稳定性、舒适性和耐用性，获得乘客和工作人员一致好评，CRTS Ⅱ 型板式轨道已经广泛应用于京津城际、沪杭、京沪和宁杭等 10 余条高速铁路线路，双线铺设里程将近 5 000 km，是我国目前时速 350 km 的高速铁路中铺设长度最长、承载量较大的一种无砟轨道结构形式。目前，我国自主设计的 CRTS Ⅱ 型板式轨道主要由支撑层、CA 砂浆、轨道板、扣件系统和钢轨等几部分构成，CRTS Ⅱ 型轨道板横断面图如图 5-4 所示，CRTS Ⅱ 型板式无砟轨道实景图如图 5-5 所示。

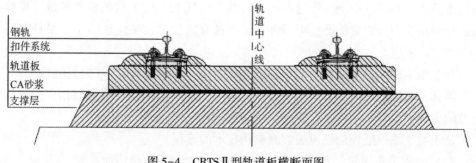

图 5-4　CRTS Ⅱ 型轨道板横断面图

图 5-5　CRTS Ⅱ 型板式无砟轨道实景图

　　通过运营调查发现，随着高速铁路的需求量和承载量日益增多，大量基础设施随着服役时间的增长而逐渐进入养护期，其不仅面临内部结构磨损的问题，而且还有受外界环境影响造成的毁坏及轨道建设期间导致的各种施工遗留问题，这些都将直接对轨道交通的安全运营构成威胁，并可能造成不可估量的严重后果。

　　目前轨道运行安全问题已经成为学术界和工程界专业人士的关注热点之一，包含高速铁路在内的轨道交通工程是我国当前最重要的民生工程之一，与人民群众的生活、出行密切相关。轨道运行的安全管理工作具有极其重要性、复杂性、艰巨性和长期性等特性，需要政府部门、企事业单位高度重视，严格按照相关部门颁布的管理条例将安全工作落实到位。

　　轨道病害可能对结构承载能力和高速列车运行安全造成较大的影响，其实质上是由轨道结构自身部件之间承力和传力路径不断恶化而引起的，因此，为了及时排查该类病害及其隐患，需要经常性地对轨道结构使用状态进行巡查，针对具体问题提出解决方案，消除危险隐患。目前，我国高速铁路通过动检车、巡检车和人工检测等方式来检查线路的使用状态并进行对应修补，动检车、人工检测对一些长波不平顺和严重病害能实现有效的检测，而当病害区段几何变形较小或处于萌芽阶段时，动检车、人工检测均不能较好地发现这类潜在的病害，也就不能及时进行维护工作。由于高速铁路维护工作一般都在没有运行车辆的夜间进行，轨道检修人员按照工区分段，检修组各自负责某一条线路。以人工监测和维护为主的轨道板病害检测方法有较多缺点，如进行检测工作时占用运行线路时间长、人工检测效率较低、误检率和漏检率很高、人力资源严重浪费等，导致现有的检测效率无法满足当前铁路运营安全的实际需求。

　　基于数字图像处理的轨道板裂缝检测技术是一种理想的轨道板裂缝检测技术，它能够弥补传统人工检测方法的不足，高效准确地获取轨道板裂缝数据，很大程度上节约了维护成本。

　　基于数字图像处理的轨道板裂缝检测技术的流程如下：

　　（1）首先采集图像，获得尺寸一致且清晰的轨道板裂缝图像；

　　（2）利用尺度变换、高斯滤波和直方图均衡化等方法进行图像预处理，削弱甚至消除在复杂拍摄环境下光照等外部环境对轨道板裂缝图像的影响；

（3）利用图像检测算法和开运算剔除裂缝图像中的部分非裂缝区域和孤立点，实现轨道板裂缝检测的粗分类；

（4）利用图像边缘检测算法绘制出轨道板图像中的裂缝显著区域。

经过大量实验证明，基于图像处理的轨道板裂缝检测技术有着较为高效的检测速率和精准的检测正确度，检测结果如图 5-6、图 5-7 所示。随着相关技术的不断更新、检修效率的提升和轨道安全相关政策的完善，未来基于图像处理的轨道板裂缝检测技术必将得到普及，我国轨道运行也将会越来越安全，人民群众出行安全必将得到充分保障。

图 5-6　轨道板裂缝检测结果图（一）

图 5-7　轨道板裂缝检测结果图（二）

任务 5.3　人工智能技术在智能安检中的应用

5.3.1　何为智能安检

简单来说，智能安检就是利用现有安检设备的研发基础和经验，与人工智能进行有机结合，该方式不仅可以提高效率，还能和大数据相互作用，成为整个社会安全防护的有效手段。

X 光安检机是铁路安检中的关键设备，传统方式是由人工看图识别，岗前培训长，作业疲劳时易产生误检和漏检。随着人工智能技术的高速发展，智能 X 光安检系统汇集安检领域（包括海关、机场、高铁站等）过往的图像与数据，结合人工智能的深度学习算法，可以有效提高人工智能 X 光安检机禁限带物品的识别率，降低劳动强度，减少人为误差。该系统的主要优势有：未来将实现单一作业点的联网，数据可实时传送回大数据运营中心，通过 GPU 云计算的使用和机器深度学习的迭代升级，可持续增强智能判断力；实现 24 h 值机，通过智能语音播报提醒，可以支持一人值双机的工作方案；实现远程值机、移动值机等功能。因此人工智能技术可极大地提高 X 光机安检环节的工作效率和改善安全保障能力，实现减员增效。

智能安检系统如图 5-8 所示。

图 5-8　智能安检系统

目前，科学家们研究出了基于图像处理、图像识别及机器深度自主学习的计算机算法，在 X 光机图像智能识别方面进行了深入开发和实地试验。智能 X 光机的模式智能识别系统是智能 X 光机的重要组成部分，为智能 X 光机的闸门提供控制信号及各种报警信号。经过大量的试验，研究人员研发出了实用的智能 X 光机的模式识别系统，解决了轨道交通行业中以下三个方面的主要问题：

（1）解决一线安检人员不足、过度劳累的问题，以及因此而产生的误检和漏检等问题，消除和减少安全隐患，同时实现减员增效；

（2）降低对于人员素质的要求，缩短上岗前的培训周期，直接胜任物品安检岗位；

（3）解决传统安检无法联网、无法积累数据、海量数据资源浪费的问题。

5.3.2　智能 X 光安检机检测过程

基于图像处理的高铁站智能 X 光安检机检测过程主要包括六个部分，分别是：图像采集、新拍图片和原始图片特征点提取、新拍图片和原始图片特征点匹配、求得新拍图片和原始图片之间的空间变换矩阵、对新拍图片进行透视变换、对变换后图片与原始图片进行相减。

计算机视觉的相关应用中经常会提到一个概念：特征点，也称作关键点或者兴趣点。顾名思义，图像中的特征点一般指一些独立的物点，如烟囱、避雷针、旗杆、电视塔等；或者图像中的一些线型要素的交叉点及面状要素边界线的拐点，如桌角、墙角、道路交叉点等。特征点的概念常常被用来解决一些生活中的实际应用问题，如图像的配准、物体的识别、图像的三维重建等。假如可以检测到充足的此类特征点，由于它们的区分度比较高，就没有必要观察整幅图像，可只对这些特征点进行局部的分析，并且利用它们精确定位图像的某些稳定特征。

通过两幅图像之间的匹配点对，求解出它们之间对应的单应矩阵，然后可以通过该单应矩阵对新拍图像进行变换，能够得到与原始图像配准程度很高的图像。

为检测新拍图像上的异物，需要对经过变换过后的新拍图像和原始图像进行配准操作。变换过后的新拍图像由于透视变换会出现一部分黑色区域，这将对后续的图像对比操作造成很大的影响，因此，首先需要采取一定的手段将该黑色区域去掉。在计算机视觉处理技术当中，采用图像剪切技术可以达到此目的。需要注意的是，为了能够对两幅图像的相同区域进行对比，需要对原始图像进行同样尺寸的剪切动作。

经过剪切过后的两幅图像尺寸大小一致，此时可以采用图像像素值差法对这两幅处理后的图像进行图像相减。可以事先预设一个阈值，如果相同位置的像素点的值相同或者两像素点像素值差未超过预设的阈值，则可以认定此两像素点是相同的，反映在结果上则是该位置为一个黑色斑点；反之，若相同位置像素点的像素值差超过预设的阈值，则该位置显示一个白色斑点。由此，可以通过图像上的白色斑点直观地判断两图像之间的差异，或者判断是否存在异物。

5.3.3　智能安检的发展

经过多次实验，智能 X 光安检机测试结果非常优异。例如长春西高铁站的智能 X 光安检机已经具备 20~100 GOPS 的图形运算能力，并可自动识别肉眼难以辨认的复杂背景后的枪支；经过大数据分析，甚至能查验出分批寄运的枪支零件；还可对传统 X 光安检机无能为力的 3D 打印枪进行识别。该大数据的云平台系统运算速度已经达到毫秒级速度。当前的智能 X 光安检机，可识别常见的 100 种以上刀具、数十种以上枪支、常见的上百种瓶装液体及 100 种以上的锂电池。

任务 5.4 高铁中继站智能巡检系统

随着我国铁路建设的快速发展，列车高速、高密度的运行状态对铁路电务设备及系统的安全和运维管理提出了更严格的要求。由于高速铁路区间信号中继站多为无人值守站，存在下述问题：

（1）纸质记录、人工录入导致巡检效率差，错误率高；

（2）巡检员到位率难以控制；

（3）巡检记录的信息有限，无法长期保存；

（4）无法对巡检结果进行精确统计分析。

为此，中国铁路北京局集团有限公司组织研发了高铁区间无人值守信号中继站智能巡检系统（以下简称巡检系统），主要完成铁路电务机房的自动巡检监测功能，实现对远程高铁区间信号中继站的相关设备技术指标及仪表的实时监测与报警，减轻了巡检人员和设备管理人员的工作量，提高工作效率，同时对加强巡查人员的监管、加强巡查与检修工作的衔接力度，起到了非常好的促进作用。巡检人员在巡检计划的指导下完成巡检作业，能够确保现场的工作状态和质量的达标，将管理要求真正落实到日常工作中，实现企业对现场巡检人员是否到位的科学化管理，从根本上杜绝巡检人员不到位、作业报表杜撰、任意修改等漏洞，切实为高速铁路的安全运营保驾护航。

该巡检系统主要由智能巡检机器人子系统、防入侵安防子系统和环境检测子系统三部分组成，如图5-9所示。按照巡检轨迹要求，在中继站内布置磁条导轨，由智能巡检机器人按照磁轨迹及任务要求，进行巡检和设备检查。同时在中继站内安装水渍感应器。

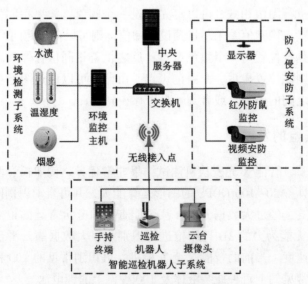

图5-9 智能巡检系统组成图

5.4.1 智能巡检机器人子系统

智能巡检机器人子系统包括基于无线网络的智能巡检机器人（简称机器人）、接口通信层、功能服务层和应用层。

作为巡检系统的核心，机器人是完成自动巡检的执行体，它按照预先设定的行走轨迹及 RFID 定位点进行巡检和定位摄像检查，并将数据通过无线方式传送给巡检系统进行识别及判定。电务段或信号车间系统操作人员在登录系统后可以新建或检查巡检计划，在巡检任务制定完成后，将其通过无线网络发送给机器人，机器人即可按照设定的巡检时间和周期执行巡检任务。特殊情况下，可以远程手动控制或通过手持终端控制机器人执行巡检任务。

涉及的人工智能技术有：网络云台摄像机与图像识别处理技术。通过升降云台搭载的高清云台摄像机，机器人可查看信号设备的运行情况，监控整个设备机柜不同高度的设备单元。当监测到设备异常后，保存录像并报警，同时将信息上传到服务器。巡检系统支持在电务段或信号车间控制终端，远程观看监测录像或实时监测视频及语音对讲（远程与在机房的维护人员通话）。此外，巡检系统还增加了信号设备工作状态（红、绿、黄、灭灯）的图像识别、比对和分析报警功能。当发现不一致后，巡检系统可以准确报出故障设备位置及状态信息。

5.4.2 防入侵安防子系统

防入侵安防子系统主要用来监控中继站机房内部情况。摄像头和录像机实时监控和录像，发现有异物即触发报警，报警信号在通过录像机汇总后，被上传到客户机上进行处理，处理结果信息保存在服务器中。用户可以在客户机上查询生成的报警信息报表。对于人员正常进入，可手动取消报警。

5.4.3 环境检测子系统

环境检测子系统包括水渍监测、温湿度监测及防火烟雾监测。

✎ 学习笔记

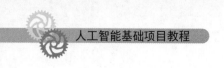

任务 5.5　自动售检票系统

自动售检票系统（AFC）以计算机及信息传输网络为基础，采用非接触式 IC 卡作为车票信息载体，车站配备自动售票机、自动充值机、自动检票设备，实现售票、充值、检票、计费、收费、统计、结算全过程的自动化管理。在自动售检票系统中引入人脸识别系统，将乘客购票、检票动作从被动（乘客刷卡动作验证通行信息）变为主动（直接读取识别乘客面部信息进行比对产生验证通行信息），不仅可以提高乘客乘车效率与系统运营维护水平，还可加强乘客对轨道交通技术服务水平的认知度，提高居民整体乘车出行体验。

5.5.1　人脸识别的架构方案

目前很多城市已经实现二维码过闸的互联网支付平台，可在现有基础上增加人脸识别的算法平台进行特征值核验等工作，扣费及交易相关处理还在原有云平台完成，这样会大大缩减改造的成本。

首先乘客通过 App 或注册机注册账户，绑定第三方账户并进行实名认证。其次，利用 App 及人脸识别系统采集人脸信息，并使用人脸识别平台存储用户人脸特征值。乘客进站时，摄像头捕捉乘客的脸部特征，通过上位机程序将人脸图像传送到人脸识别平台或者信息库中对比特征值，满足相似度条件则可以有效通行。最后，发送交易记录至云平台，云平台根据进站、出站记录计算金额，并对其账户进行扣款。人脸识别平台架构图如图 5-10 所示。

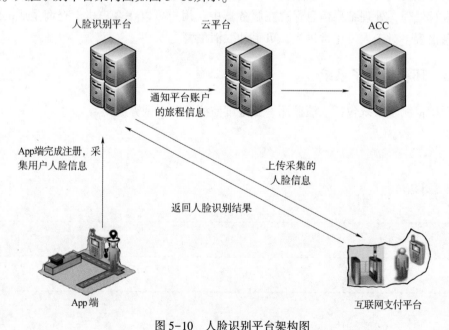

图 5-10　人脸识别平台架构图

5.5.2 本地图像采集和人脸图像预处理流程

本地图像采集和人脸图像预处理流程图如图 5-11 所示，流程中只包含图像采集和人脸图像预处理的必须流程，实际应用中还需加入图像采集频度控制、脸部对正提示、同框人脸数限制、频繁合法图像采集限制等控制逻辑，用以减少图像数据采集数量，加快图像采集速度，避免身份认证混淆和重复采集等问题。

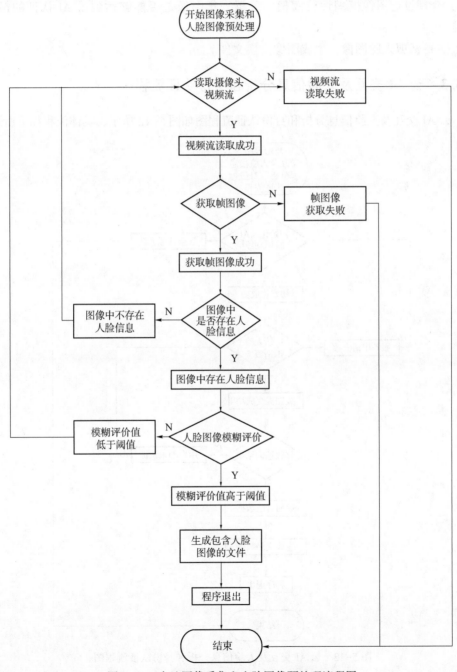

图 5-11 本地图像采集和人脸图像预处理流程图

（1）通过 OpenCV（开源计算机视觉库）调用摄像头视频流，获取视频流中的帧图像。

（2）调用 OpenCV 人脸检测接口函数，分析帧图像中的人脸信息，获得人脸坐标、高度和宽度信息。人脸检测模板使用 OpenCV 标准正面人脸检测参数模板，无须进行调参操作。

（3）调用 OpenCV 模糊评价接口函数，生成人脸图像模糊评价值（灰度图像模式），合理设定图像模糊评价阈值，分析采集图像是否能够达到云 AI 认证的最低标准。

（4）裁剪人脸图像，生成图像交换文件。

5.5.3 云 AI 交互及人脸信息分析和身份认证流程

云 AI 交互及人脸信息分析和身份认证流程图如图 5-12 所示，具体流程如下所述。

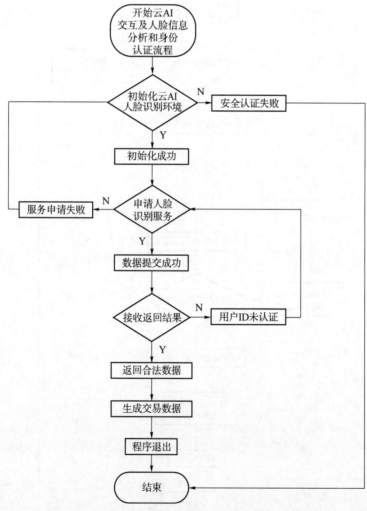

图 5-12　云 AI 交互及人脸信息分析和身份认证流程图

（1）初始化云 AI 人脸识别环境，提交终端身份信息和安全密钥，进行应用安全认证。

（2）获取图像交换文件，申请人脸识别服务，提交人脸图像信息和用户分组信息。

（3）接收人脸识别服务返回的分析结果，包括用户 ID（身份标志）、身份相似度和活体指标等数据。

（4）处理分析结果，判定图像身份。

（5）根据返回的身份认证信息生成交易数据。

目前自动售检票系统已经得到广泛的应用，如实名制购票等，相关人员正在致力于研究具有更高人脸识别准确率的算法。随着轨道交通安全性要求的不断提高，人脸识别的"实名制"优势将逐步显现，预计很快将成为主流支付方式之一。

学习笔记

任务 5.6　无人驾驶

随着我国社会经济的快速发展，高速铁路已成为中短途旅客出行首选的交通工具，它具有安全、准时、舒适、环保等特点，同时我国的高铁技术、装备、建设、运营已经达到国际先进水平，部分技术处于领先水平。面对铁路运输需求的不断增长，为了增强运输安全保障能力、提升运输服务质量、提高运输效率等需要，铁路需要向智能化方向发展，智能高铁是现代高速铁路的发展方向。推进我国高铁向智能化方向升级发展对于贯彻党的十九大报告提出的交通强国战略，实现"交通强国、铁路先行"的目标，支撑经济和社会更好地发展，实现高铁技术领跑全球的目标具有重大意义。

中国列车运行控制系统（Chinese train control system，CTCS）有两个子系统，即车载子系统和地面子系统（图 5-13）。CTCS 根据功能要求和设备配置划分应用等级（分为 0~4 级），目前我国高速铁路建设均采用 CTCS-2 级或 CTCS-3 级列控系统，它们是确保行车安全的基础设备。装备在动车组上的 CTCS-2/3 级列控车载子系统设备 ATP（automatic train protection，列车自动防护）能够起到超速防护、保障行车安全的作用，列车的正常驾驶还需依靠司机操作。司机实时观察车载 ATP 的 DMI（driver machine interface，人机界面）显示、动车组状态显示以及运行前方路况，劳动强度大，容易发生人因事故。

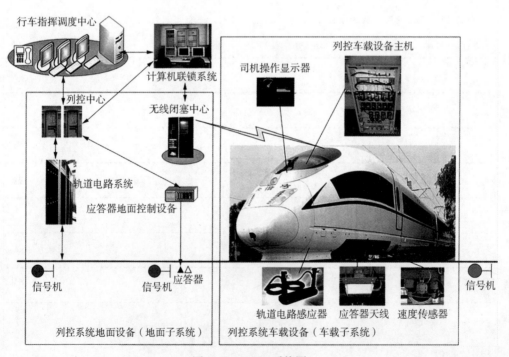

图 5-13　CTCS 系统图

列车自动驾驶（automatic train operation，ATO）系统（图 5-14）是城市轨道交通列车自动控制（automatic train control，ATC）系统的子系统之一。ATO 可以在ATP 的监督下自动控制列车运行，目前该形式也正在成为高铁的一个重要发展方向。使用 ATO 系统可以减轻司机的劳动强度，降低全寿命周期成本，提高列控系统的总体性能，能够有效减少因司机疲劳、操作失误、突发疾病等人为因素导致的安全隐患。高铁自动驾驶技术既是我国高速铁路技术发展以及确立我国高速铁路整体技术水平国际地位的需要，也是智能高铁系统的关键核心技术之一。

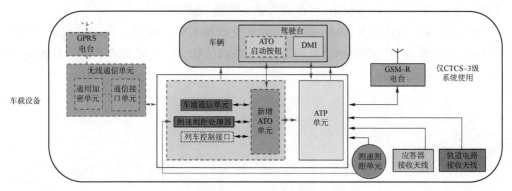

图 5-14 ATO 系统图

国际标准按照轨道交通线路自动化程度定义了 4 层自动化等级 GOA（grade of automation），常用自动化程度从低到高依次为 GOA1 至 GOA4。

（1）人工驾驶（GOA1）。

不连续监督下的人工驾驶（GOA1a）：列车运行控制系统在特定的位置上监督列车速度，等同于现有的点式控制方式。

连续监督下的人工驾驶（GOA1b）：列车运行控制系统连续地监督列车速度，等同于装有列车自动防护系统（ATP）。

以上都是由司机控制列车的所有运行，包括起动、停车、运行速度、站台停靠、开关车门等，并由司机对列车运行中的突发情况进行处理。目前，我国绝大多数铁路都属于这一等级。

（2）有司机监控自动驾驶（GOA2）：有司机值守。

等同于装有自动驾驶系统（ATO），自动化程度相比上一等级有了进一步提升，又称为 ATO 模式，或者 STO（semi-automatic train operation）模式。由信号系统提供安全防护，控制列车运行和站台停车，但是关门和发车指令由司机下达。这也是目前大部分地铁都采用的模式。

在大铁路领域，珠三角莞惠城际属于该级别，在全球率先实现了时速 200 km 自动驾驶。在京沈客专试验的高铁自动驾驶系统也属于该级别。

（3）无司机有人监视自动驾驶（GOA3）：车上没有司机。

司机被 ATO 等系统功能所取代，自动化程度进一步提高，仅安排乘务人员应对突发事件，又称为 DTO（driverless train operation）模式。

该模式下，列车已基本具备全自动驾驶的功能。由信号系统对列车运行进行全程控制，列车的起动、停站、运行均由信号系统控制，但列车上仍需配备一名随车人员，以应对突发情况。上海地铁 17 号线的驾驶系统属于该级别。

（4）无人监督自动驾驶（GOA4）：车上没有人。

列车上不安排任何工作人员，又称为 UTO（unattended train operation）模式，是目前轨道交通自动化运营的最高级别。列车的休眠、唤醒、起动、停车、车门开关、洗车、车站和列车的设备管理以及故障和突发情况的应对全部由系统自动管理，无任何人员参与。上海地铁 10 号线的驾驶系统属于该级别。

广义来说，GOA2 至 GOA4 级统称为自动驾驶系统。通常，我们可以将 GOA3（DTO）级系统视为低等级的全自动驾驶，GOA4（UTO）级系统视为高等级的全自动驾驶，或无人驾驶。

学习笔记

课后习题

1. 人工智能技术在智能交通系统中有哪些应用？

_____

_____

_____

_____

_____

_____

_____

2. 自动售检票系统技术流程有哪些？

_____

_____

_____

_____

_____

_____

_____

3. 无人驾驶有哪几种模式？

_____

_____

_____

_____

_____

_____

_____

参考答案

项目 6 人工智能编程入门

微课+课件

 项目目标

1. 了解如何写出好的程序。
2. 了解 Python 语言的概念。
3. 掌握如何搭建 Python 开发环境。
4. 掌握如何编写简单的 Python 程序。
5. 掌握 Python 的列表与遍历功能。

项目导读

　　Python 是一种跨平台的、开源的、免费的、解释型的高级编程语言。它具有丰富和强大的库，能够把用其他语言开发的各种模块（尤其是 C/C++语言开发的模块）很轻松地联结在一起，所以 Python 常常被形象地称为"胶水"语言。随着人工智能的迅速崛起，Python 语言近几年发展势头迅猛，在 IEEE Spectrum 发布的 2017 年度编程语言排行榜中，Python 位居第一名。Python 的应用领域也非常广泛，在 Web 编程、图形处理、应用程序、大数据处理、网络爬虫和科学计算等领域都能看到它的身影。

学习笔记

....

....

....

....

....

项目实施

任务6.1 初识编程

本任务主要介绍编程的基本知识，只有掌握了简单的编程知识，才可以更好地理解人工智能的工作原理，以及它是怎么实现的，才能清楚人工智能的形成。

6.1.1 如何调整情绪

Python语言可以说是最适合编程入门的语言了，很多少儿编程培训机构都选择Python作为首选的编程语言。这就说明这门语言本身非常简单且容易入门。学习编程就像学习写文章一样，区别是文章是写给人看，而程序是编写给计算机看。所以，在写程序时要按照计算机的理解规则来设计程序。程序设计要面临的困难主要有两个方面：

（1）不知道或者不熟悉编程语言的语法和语义；

（2）不知道如何让计算机解决问题。

所以编程的困难在于：要学习一门跟母语不一样的语言；为了能让计算机明白，还要学习一些特定的语法和规则；同时还要用这个语言去解决问题。

6.1.2 如何写出好程序

写出好的程序，几乎是每个程序设计学习者所渴望的事情，如果能做到下面两点，那么你设计的程序在你的能力范围内应该就是最好的。

（1）编写程序前，一定要深思熟虑。

程序设计的主要目的是解决实际问题，那么在开始动手写程序之前，一定要深思熟虑，想清楚程序的逻辑结构，勾画出程序的大体轮廓。程序设计者想得越是具体详细，将来设计出来的程序便越逻辑严密、运行流畅。相反，如果程序设计之前没有深思熟虑，那么很有可能设计一半的时候就会发现程序的逻辑或者其他数据流方面出现问题，有时需要对程序进行较大的改变，这样会影响程序的开发周期，使项目事倍功半。所以，在开始动手写代码之前，首先要好好地思考一下，怎样才能更好地解决问题，怎样才是最好的解决方案。

（2）程序要有好的可读性。

一个好的程序设计，不但要在前期深思熟虑，在程序编写过程中，还要注意程序的可读性。很多初学者写出来的程序只有他自己能看明白，别人是看不懂的。那么这样的程序的可读性是很差的。目前的程序设计大多都是团队合作的产物，人员之间需要分工合作，如果代码可读性差，将会影响到团队之间的合作。另外，当可读性较差的程序移交到其他人手中时，由于读懂之前的程序较困难，将非常不利于

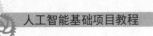

程序的维护升级，有时甚至需要将可读性较差的那部分程序重新写一遍。

6.1.3　学习建议

（1）保持好奇心。

保持好奇心，对编程中的新事物具有强烈的求知欲望，这是学习一门语言的动力。在学习编程的时候会遇到很多有趣的事情，抱着好奇的心理，对未知事物进行探索尝试，这样才能在程序设计方面有进步。

（2）不要感觉枯燥乏味。

学习编程就像学习其他科目一样，需要大量的重复练习。如果觉得编程学习枯燥乏味而失去兴趣，不愿意继续学习，那么学习编程的进程将会停止。任何学习都需要坚持下来，只有这样才会成功。

（3）勤做笔记。

因为计算机相关的网络学习资料非常丰富，动辄就需占用几十 GB 的存储空间，因此当在学习网络资料时，一定要养成记笔记的习惯。编程学习过程中需要记忆的知识点非常多，如果没有及时做笔记，很容易忘记前面的学习心得或者重要的知识点。如果在众多的学习资料中整理出对自己有用的资料，并且记录下来，在以后有需要时可以很方便地查找到需要的资料。因此养成记笔记的习惯，对程序语言学习非常有帮助。

（4）要多动手写代码，不要只是看。

这是初学者经常容易犯的错误，很多人学习程序语言非常认真，看书的时间很长，但是却很少动手写代码。因此尽管学习非常努力，但是效果却不佳。学习程序设计一定要多动手编写代码，这是成为程序开发人员的唯一途径。尽量亲自动手编写程序，不要去复制粘贴别人的程序。有些初学者可能觉得一行代码也写不出来，此时最好先去读别人的程序，读懂后再试着模仿别人的思路写一段自己的程序，并且最好能够有自己的想法在其中。如果经常有意识地锻炼自己写程序，那么编程能力将会很快得到提高。

（5）细心一点，知其然，且知其所以然。

在学习过程中，经常会有人对程序做到基本上能够理解，但如果深究某个细节便不是很清楚了，这是需要注意的地方。对于一段程序，一定要研究透每一个细节。研究得越细致，越会学到新的知识，只有这样才能够做到真正精通一门语言。

（6）学会在网络上收集学习资料，自我学习。

这是编程学习的高境界了，很多人在学习程序设计时依赖书本或者老师，这样学习的广度和速度都会受到制约。互联网上有丰富的学习资源，如果能够好好加以利用，并且善于自学，将是提高编程技能的良好途径。

任务 6.2　Python 语言简介

Python 是一种跨平台的计算机程序设计语言，它是一个高层次的、结合了解释性、编译性、互动性和面向对象的脚本语言，最初被设计用于编写自动化脚本，随着版本的不断更新和语言新功能的添加，越来越多地被用于独立的大型项目开发。

Python 被公认为是最适合编程入门的语言之一，而且是当下最流行的语言之一，早在 2007 年和 2010 年曾两次获得编程语言排行榜的第一名，IEEE Spectrum 2017 年发布的报告中，Python 再度排名第一，如图 6-1 所示。

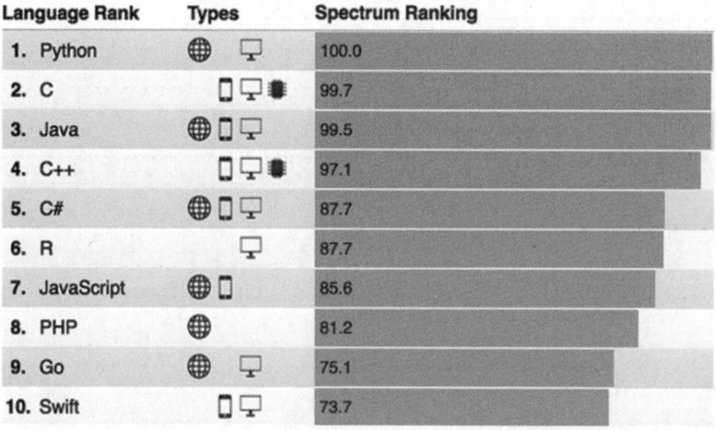

Language Rank	Types	Spectrum Ranking
1. Python	⊕ 🖵	100.0
2. C	📱🖵📦	99.7
3. Java	⊕📱🖵	99.5
4. C++	📱🖵📦	97.1
5. C#	⊕📱🖵	87.7
6. R	🖵	87.7
7. JavaScript	⊕📱	85.6
8. PHP	⊕	81.2
9. Go	⊕🖵	75.1
10. Swift	📱🖵	73.7

图 6-1　IEEE Spectrum 2017 年发布的报告

Python 作为一种解释型脚本语言，其应用领域非常广泛，主要包括以下几个方面。

（1）Web 和 Internet 开发：Python 拥有众多优秀的 Web 框架，比如 Django、Flask 等。许多大型网站均采用 Python 进行开发，如 Youtube、Dropbox、豆瓣等。

（2）云计算、大数据：OpenStack、Hadoop。

（3）科学计算：NumPy、SciPy、Matplotlib、Enthought Librarys、Pandas。

（4）人工智能：Scikits-learn、Tensor Flow 等。

（5）系统运维：运维人员必备语言，自动化运维必不可少的工具。

（6）金融：量化交易、金融分析。在金融工程领域，Python 不但在用，而且用的场合也越来越多。

（7）图形 GUI：PyQT、wxPython、Tkinter。

（8）游戏开发：Pygame、Pyglet、Cocos2d-Python。

Python 语言越来越受欢迎，应用也越来越广泛，主要是由于作为动态语言的 Python，其语言结构清晰简单，库丰富，成熟稳定，科学计算和统计分析都很专业，生产效率远远高于很多其他语言，尤其擅长策略回测。不过，Python 语言并不是万能的，每个语言都有其特点和擅长的领域。例如 Python 的运行速度就不是最快的，在追求响应速度和实时性较强的领域，多用 C 或者 C++语言来编写。

Python 自发布以来，主要经历了三个版本的变化，分别是 1994 年发布的 Python 1.0 版本、2000 年发布的 Python 2.0 版本和 2008 年发布的 Python 3.0 版本。如果想要深入地学习 Python 语言，建议直接从 Python 3.X 版本开始学习。

学习笔记

任务 6.3 搭建 Python 开发环境

"工欲善其事，必先利其器"。要学习一门语言，首先要搭建对应的开发环境。如果想要深入了解 Python 语言，那么需要准备一台能够上网的计算机作为硬件平台。开发环境就相当于计算机的一个"翻译"平台，它可以把开发者编写的程序翻译成计算机能够理解的语言让计算机去执行，同时还可以把计算机执行的结果翻译成人类能理解的信息反馈给开发者。Python 最基本的开发环境就是在计算机上安装一个叫 Python 的软件，这样在 Python 软件提供的环境中执行 Python 命令时，计算机就明白要它做什么事情了。

Python 的安装包可以在互联网上搜索得到，但最好的获得方式是在 Python 的官方网站下载 Python 资源。在 Python 的官方网站中，可以下载 Python 安装包、Python 详细的使用手册、Python 的模块库和很多第三方开发模块。

首先下载 Python 安装包。进入 Python 的官方网站（http：//www.python.org），如图 6-2 所示，单击主页中的 Downloads 菜单，找到适合的版本即可下载 Python 安装包。

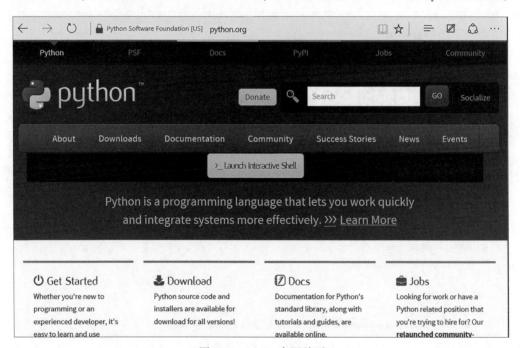

图 6-2 Python 官网首页

Python 下载页面如图 6-3 所示。

在 Python 下载页面中，可以选择 Python 要安装的操作系统，这里以 Windows 操作系统为例。单击"Windows"，进入如图 6-4 所示的界面。

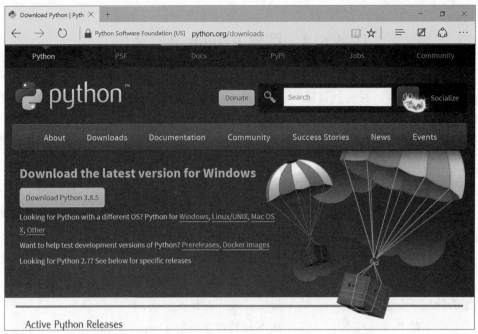

图 6-3　Python 下载页面

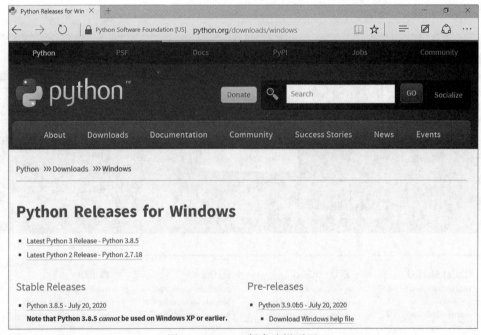

图 6-4　Python 版本选择页面

在这里可以看到，有 Python 2.7.18 和 Python 3.8.5 两个版本可供选择。如果需要下载其他版本的 Python，也可以在本网页的下半部分找到相应的下载链接，具体内容如图 6-5 所示。

本任务中，选择下载 Python 3.8.5 进行演示，如图 6-6 所示。

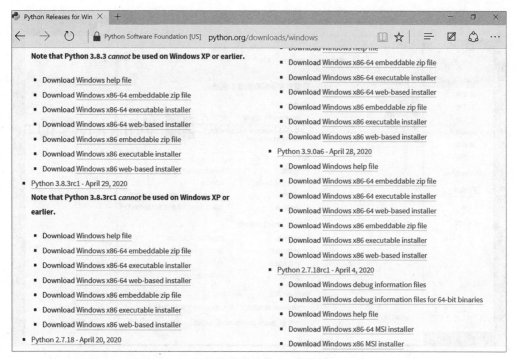

图 6-5　Python 其他版本选择页面

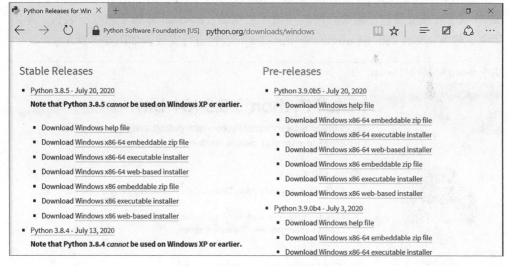

图 6-6　Python 3.8.5 版本选择

　　在这里会提示 Python 3.8.5 版本不可以被安装到 Windows XP 或者更早期的操作系统中，另外也会看到各版本中有 x86-64 和 x86 这两个不同选项。因此，先要查看计算机的操作系统是属于 64 位版本还是 32 位版本，然后根据操作系统的版本来决定要安装哪个版本的 Python。查看计算机操作系统版本的方法是在文件资源管理器中右击"此电脑"，选择属性窗口，如图 6-7 所示。

图 6-7　查看操作系统版本

这里需要注意的是，embeddable 属于嵌入式版本，可以集成到其他应用中；web-based 属于在线安装包，需要联网的环境才能安装；executable 属于离线安装包。本案例中下载 Windows x86-64 executable installer 安装包进行安装，如图 6-8 所示。

图 6-8　选择安装包进行安装

单击 Install Now 就可以进行 Python 的安装了。Python 的安装过程比较简单，这里不再叙述。当 Python 安装成功后，需要检测 Python 是否安装成功。本例中 Python 是在 Windows 10 操作系统中检测的。如图 6-9 所示，单击 Windows 10 操作系统的开始菜单，在桌面左下角"搜索 Web 和 Windows"文本框中输入 cmd 命令，然后按下 Enter 键，启动命令行窗口。

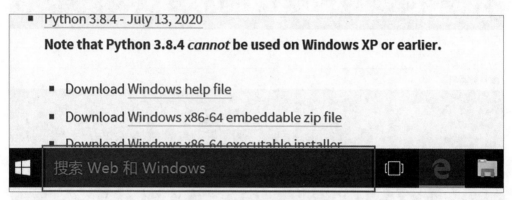

图 6-9　选择安装包进行安装

在启动后的命令行窗口中，在当前的命令提示符后面输入"python"命令，并且按下 Enter 键，如果出现如图 6-10 所示的信息，则说明 Python 安装成功，同时也将进入到交互式 Python 解释器中。

图 6-10 显示的信息中包括 Python 的版本、该版本发行的时间、安装包的类型等。因为选择的版本不同，不同计算机显示的信息可能会有差异，只要提示符变成">>>"，就说明 Python 已经安装成功，正在等待使用者输入 Python 命令。

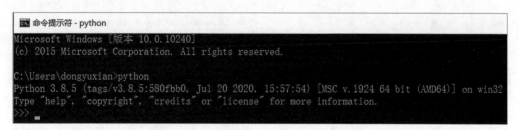

图 6-10　在命令行中启动的 Python 解释器

Python 安装完成后，可以试着编写一段简单的 Python 命令。这里输入第一个 Python 指令，确切地说是执行 Python 的 print( ) 方法，在屏幕上输出你的名字。程序指令如图 6-11 所示。

从图 6-11 中可以看到，系统已经将名字输出显示出来了，这时如果想要结束 Python 程序，可以输入 exit( ) 指令来实现退出 Python 环境操作，如图 6-12 所示。

此时需要注意区分目前处在系统命令模式还是 Python 命令模式。因为在系统命令模式下只能执行 DOS 命令，不能执行 Python 指令，同样在 Python 命令模式下也不能执行 DOS 指令。

```
命令提示符 - python
Microsoft Windows [版本 10.0.10240]
(c) 2015 Microsoft Corporation. All rights reserved.

C:\Users\dongyuxian>python
Python 3.8.5 (tags/v3.8.5:580fbb0, Jul 20 2020, 15:57:54) [MSC v.1924 64 bit (AMD64)] on win32
Type "help", "copyright", "credits" or "license" for more information.
>>> print('My name is Dong Yuxian')
My name is Dong Yuxian
>>>
```

图 6-11　在命令行中显示自己的名字

```
命令提示符
Microsoft Windows [版本 10.0.10240]
(c) 2015 Microsoft Corporation. All rights reserved.

C:\Users\dongyuxian>python
Python 3.8.5 (tags/v3.8.5:580fbb0, Jul 20 2020, 15:57:54) [MSC v.1924 64 bit (AMD64)] on win32
Type "help", "copyright", "credits" or "license" for more information.
>>> print('My name is Dong Yuxian')
My name is Dong Yuxian
>>> exit()

C:\Users\dongyuxian>
```

图 6-12　退出 Python 环境

　　如果没有个人计算机，只能使用公共场所的计算机，为了避免每次使用前都要重新安装 Python 带来的不便，推荐使用 Jupyter Notebook 工具。该工具可在云端运行，使用 mybinder. org 平台，如图 6-13 所示。

图 6-13　Jupyter Notebook Python 开发环境

　　这里介绍的 mybinder. org 是 Binder 社区提供的在线 Note 服务。在这里同样可以尝试运行一下输出自己名字的 Python 指令，如同在 Python 环境中一样，在 Jupyter Notebook 中输入与前面相同的指令，单击"运行"按钮，将显示运行结果，如图 6-14 所示。

图 6-14　在 Jupyter Notebook Python 开发环境输出自己的名字

　　使用该平台无须安装程序，只需有网络环境即可，打开网页就可以输入并执行 Python 指令，因此非常方便。而本书中介绍人工智能学习框架和科学计算常用方法时，用的也是 Jupyter Notebook 这种开发环境，到时将不再介绍如何搭建平台。

　　除此之外还有其他的 Python 编辑环境可供选择，如 Pydev+Eclipse、PyCharm、VIM、Wing IDE、Spyder Python、Komodo IDE、PTVS、Eric Python、Sublime Text 3、Emacs 等，它们各有特色。由于篇幅有限，这里不再详细介绍。

　　本任务主要讲解了在 Windows 环境下搭建 Python 开发环境的过程。因为 Python 本身支持跨操作系统，所以实际上无论在哪个操作系统使用都是一样的，因为都是在 Python 环境下开发，具体选用哪种操作系统主要取决于开发者的用途。

学习笔记

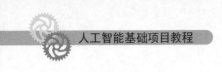

任务 6.4　Python 编程入门

开始学习一门编程语言，最先遇到的就是基本输入、输出操作，这也是计算机最基本的操作。基本输入是指从键盘上输入数据的操作，基本输出是指在屏幕上显示输出结果的操作。

6.4.1　基本输入和输出

常用的输入与输出设备有很多，如日常工作和生活中经常见到的摄像机、扫描仪、话筒、键盘等都是输入设备，输入的信息经过计算机解码后可以在显示器或者打印机等终端进行输出显示。而基本的输入和输出是指我们平时从键盘上输入的字符，然后在屏幕上显示出来。

在 Python 中，使用内置的 print( ) 函数可以将结果输出到屏幕上或者控制台上。print( ) 函数的语法格式如下所示。

```
print(输出的内容)
```

其中，输出的内容可以是数字或者字符串。如果是字符串的话，要使用引号，可以是单引号，也可以是双引号。此类内容将会直接输出到屏幕。print( ) 函数的括号中也可以是包括运算符的表达式，函数将会把表达式的结果计算出来。程序案例如下，输出结果如图 6-15 所示。

```
print(' 计算结果是:' )
a=23
b=26
print(12)
print(a)
print(a+b)
```

从上面的程序运行结果中可以看到，print( ) 函数每运行一行便进行了换行。如果想要一行中输出多个内容且不换行，可以将需要输出的内容使用英文半角的逗号分隔。图 6-16 中的代码将在一行中输出变量 a 和变量 b 的值。

使用 print( ) 函数不仅可以输出到屏幕，还可以输出到指定的文件。例如，将一个字符串"铁道学院"输出到"c：\ fa \ school. txt"中，代码如下所示。

```
fp=open(r' c:\fa\school.txt',' a+' )
print(' 铁道学院' ,file=fp)
fp.close( )
```

执行完上面的程序后可以看到，在 c 盘 fa 文件夹里面生成了一个 school. txt 的文

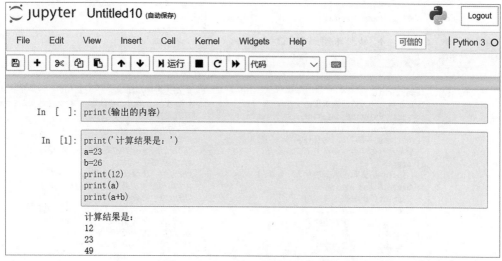

图 6-15　print( )函数输出案例结果

图 6-16　不换行输出案例结果

件,打开这个文件就可以看到文字"铁道学院"。

在 Python 中,使用内置函数 input( )接收用户的键盘输入。input( )函数的基本用法如下。

```
variable＝input('提示文字')
```

其中,variable 为保存输入结果的变量,单引号内的文字用于提示要输入的内容。例如想要输入用户的姓名,并将姓名保存到 name 变量中,然后显示 name 的内容,可以这样编写代码。

```
name＝input('请输入姓名:')
name
```

现在研究一个案例,该案例实现根据输入的出生年份(如 1982 四位数字)及当前年份计算测试者的年龄。程序中使用 input( )函数输入出生年份,使用 datetime 模块获取当前年份,然后用获取的年份减去输入的年份,就可以计算出测试者的实际年龄了。代码及运行结果如图 6-17 所示。

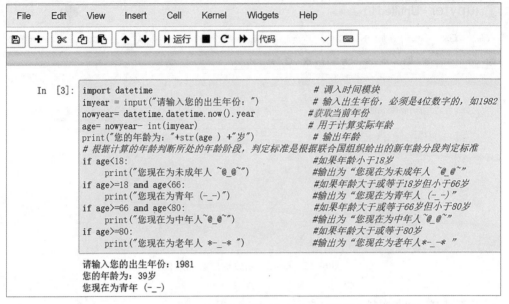

图 6-17   计算年龄案例代码及运行结果

这里输入的年份是 1981 年，程序判断年龄为 39 岁，属于青年。从上面的程序代码中可以看到，input( )一般作为程序中对数据的输入工具，在程序设计中使用的频率很高。

6.4.2   程序的注释

从图 6-17 中可以看到，程序中包含很多说明描述性质的文字，这些文字就是程序的注释。注释是指在代码中对代码功能进行解释说明的标注性文字，可以提高代码的可读性。在程序编译执行过程中，注释的内容将被 Python 解释器忽略，并不会在执行结果中体现出来。在 Python 语言中常用的注释方法有 3 种类型，分别是单行注释、多行注释和中文声明注释。

在 Python 中，使用"#"作为单行注释的符号。从符号"#"开始直到换行为止，中间所有的内容都被 Python 编译器看作注释部分而被忽略。单行注释的语法格式如下。

```
#注释内容
```

单行注释一般要放在代码的前一行，或者代码的右侧部分。例如下面的代码注释都是正确的。

```
#第一种注释方法:输入您的姓名,长度不应超过8个字符
name=input( )
print ( name )    #第二种注释方法
```

在 Python 语言中，并没有一个单独的多行注释标记，而是将包含在一对三引号

（'''……'''）或者（" " " ……" " "）之间的内容都作为多行注释的内容。注释部分将被代码解释器忽略。由于这样的代码可以分多行编写，所以作为多行注释。语法格式如下。

```
'''
注释内容 1
注释内容 2
注释内容 3
……
'''
"""
注释内容 1
注释内容 2
注释内容 3
……
"""
```

多行注释常用来为 Python 文件、模块、类或者函数等添加版权、功能等信息。例如，下面的代码案例将展示使用多行注释来为程序添加功能、开发者、版权、开发日期等信息。

```
'''
实时通信模块
开发者:dongyuxian
版权所有:dongyuxian
2020 年 7 月
……
'''
```

在 Python 中编写代码时，如果用到指定字符编码类型的中文编码，需要在文件开头加上中文声明注释，这样可以在程序中指定字符编码类型的中文编码，不至于出现代码错误。这点在程序设计过程中一定要注意，否则很容易出现乱码现象。Python 3.X 提供的中文声明注释的语法格式如下。

```
#-*- coding:编码-*-
#coding=编码
```

这两种中文声明注释方式都可以。举个例子，如果我们需要用到 utf-8 作为文件的编码格式，可以通过下面的中文编码声明来注释。

```
#coding=utf-8
```

建议程序的初学者尽量注释一下自己的每行代码，这样可以增加代码的可读性。

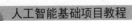
在以后的工作中也要养成注释代码的习惯，一方面是为了让代码的编写者以后在看到自己写的代码时能够迅速理解；另一方面是为了让代码的使用者通过注释可以快速地理解代码的含义。总之，合理的注释可以增强代码的可读性，便于使用者理解代码。

6.4.3 代码缩进

在程序编写过程中，Python 有一点与其他程序语言不同，即 Python 语言采用代码缩进和冒号 ":" 区分代码之间的层次。缩进可以使用空格键或者 Tab 键实现。使用空格键时，通常情况下采用四个空格作为一个缩进量；而使用 Tab 键时，采用一个 Tab 键作为一个缩进量。通常情况下建议采用空格键进行缩进。

在 Python 语言中，对于类定义、流程控制语句、函数定义及异常处理语句等，行尾的冒号和下一行的缩进表示一个代码块的开始，而缩进结束则表示一个代码块的结束。下面通过一段代码演示代码中的缩进问题，如图 6-18 所示。

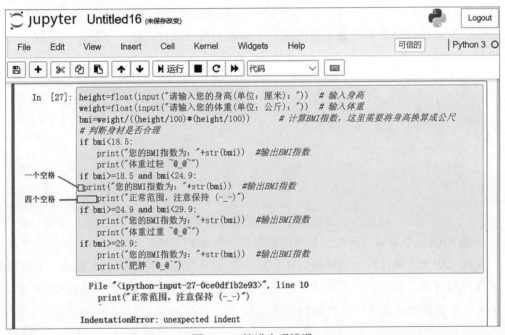

图 6-18　缩进出现错误

Python 语言对代码的缩进要求非常严格，同一级别的代码缩进量必须相同。如果未采用合理的代码缩进，系统将抛出异常。从图 6-18 中可以看到在代码缩进过程中，有的缩进了一个空格，有的缩进了四个空格，就会产生异常报错。将代码改正后重新运行，可以看到如图 6-19 所示的结果。

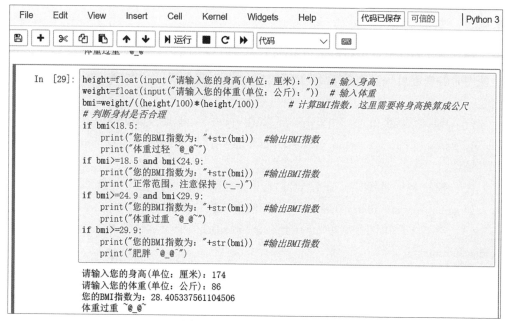

图 6-19 缩进正确运行结果

6.4.4 编码规范

Python 中采用 PEP8 作为它的编码规范，其中 PEP 是 Python enhancement proposal 的缩写，翻译过来就是指 Python 的增强建议书，而 PEP8 中的 8 表示版本号。PEP8 是 Python 代码的样式指南。下面给出 PEP8 编码规范中的一些注意事项。

（1）每个 import 语句只导入一个模块，尽量避免一次导入多个模块情况的出现。

（2）不要在行尾添加分号"；"，也不要用分号将两条命令放在同一行。这是习惯了其他编程语言的使用者经常容易忘记的地方。

（3）建议每行的代码不要超过 80 个字符。如果超过了，建议使用小括号"（）"将多行内容隐式地连接起来，而不推荐使用反斜杠"∖"进行连接。不过在导入模块语句过长或者注释里的 URL 除外。

（4）使用必要的空行可以增加代码的可读性。一般在如函数或者类的定义之间空两行，而在方法定义之间空一行。在用于分隔某些功能时也可以空一行。

（5）通常情况下，运算符两侧、函数参数之间、逗号"，"两侧建议使用空格进行分隔。

（6）应该避免在循环中使用"+"和"+＝"运算累加字符串。因为字符串是不可变的，这样做会创建不必要的临时对象。推荐将每个字符串加入列表，然后在循环结束后使用 join( )方法连接列表。

（7）适当使用异常处理结构可以提高程序的容错性，但不能过多依赖异常处理结构，适当的显示判断还是必要的。

6.4.5 命名规范

命名规范在编写程序代码中很重要。虽然不遵循命名规范程序也可以运行，但是使用命名规范可以更加直观地了解代码所表达的含义。命名规范主要包含以下内容。

（1）包名尽量短小，并且全部使用小写字母，不推荐使用下划线。如com. dongyuxian、com. yx、com. yx. lesson 都是推荐使用的包名称，而 com_dongyuxian 则不推荐。

（2）模块名尽量短小，并且全部使用小写字母，可以使用下划线分隔多个字母。如 game_yuxian、dongyuxian 都是推荐使用的模块名称。

（3）类名采用单词首字母大写的形式。例如定义一个学生信息类，可以命名为StudentInformation。

（4）函数、类的属性和方法的命名规则同模块类似，也是全部使用小写字母，多个字母间用下划线分隔。

（5）常量命名时全部采用大写字母，可以使用下划线。

（6）使用单下划线开头的模块变量或者函数是受保护的，在使用 from xxx import ∗语句从模块中导入时，这些变量或者函数不能被导入。

（7）使用下划线开头的实例变量或方法是类私有的。

 学习笔记

任务 6.5　程序体验

前面的任务中，我们基本了解了什么是 Python 语言程序设计，本任务主要介绍程序设计的主要思想。

前面提到了模块的概念，也可以称之为库，它们可以完成很多功能，例如如果想画图，可以找一个能画图的库，只要找到了画图的库，甚至不需要明白关键代码怎么写。这些库通常都有帮助文档或者手册，只需按说明使用就可以了。在 Python 中使用这些模块的第一步就是通过 import 指令导入模块，语法如下所示。

```
import 模块/库名字
```

首先导入一个模块，输入如下程序。

```
import this
```

这里虽然并没有使用 print( ) 来向屏幕输出什么，但是可以看到屏幕会输出一大段内容，如图 6-20 所示。这段话的内容就是著名的 Python 学习心法，即 Python 程序设计的哲学。建议逐条学习并经常复习，认真体会每条内容。

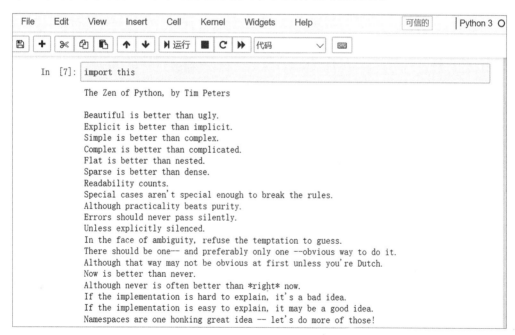

图 6-20　Python 学习心法

上面初步介绍了 Python 中模块的引用，下面开始动手绘制一个五角星。通过查找资料可知，需要引入 turtle 模块。在动手之前，先要想象一下画五角星的笔顺，每条边多长，每个角多少度。这里的设计思路是先画一条直线，然后旋转

144°；接下来再画一条直线，再转 144°，直到把整个五角星画完。想法确定后就可以开始设计程序了，具体程序如下所示。

```
#引入 turtle 模块
import turtle
#直行 200 像素
turtle.forward(200)
#右转 144 度
turtle.right(144)
#直行 200 像素
turtle.forward(200)
#右转 144 度
turtle.right(144)
#直行 200 像素
turtle.forward(200)
#右转 144 度
turtle.right(144)
#直行 200 像素
turtle.forward(200)
#右转 144 度
turtle.right(144)
#直行 200 像素
turtle.forward(200)
#右转 144 度
turtle.right(144)
```

运行程序后，可以看到五角星的绘制过程，绘制结果如图 6-21 所示。

图 6-21　绘制的五角星

绘制五角星的过程就是一次交互式会话：设计者下达一条指令，计算机回馈一个执行效果。因为 Python 是解释型语言，这个特征使得学习和调试非常方便。所谓的解释型就是程序在执行过程中，会通过 Python 解释器每次读一行 Python 代码并逐行解释。这意味着设计者在学习或者尝试新功能时，可以先在 Python 环境中实验代码，将会立即直观地看到结果是成功还是失败。这个功能非常实用，这也是 Python 易于探讨和学习的原因。因此建议初学者在学习新功能时，先通过交互式会话进行测试。

随着学习的深入，指令会逐渐增加，也会越来越复杂，建议在对不熟悉的新功能进行测试或者出问题进行故障原因筛选时，逐条执行指令。这是测试的一种方法，能够方便设计者找出问题所在，这也是交互模式的意义所在。

6.5.1　体验 Python 变量建立通信录功能

变量一词来源于数学，是编程语言中最常见的语言要素，用来表示计算机结果或抽象概念。变量可以用来表示一个值，一个数据，或一个文件，甚至是另一个程序。对于初学者来说，通常可以将变量当作一个值，一个数字，或者一串字符。变量能够把程序中准备使用的每一个数据都赋给一个简短的名字，这个名字可以理解为数据的标签，计算机通过这个标签就可以找到对应的数据。变量的值可以由程序员直接赋值，也可以是用户输入的数据。

声明变量也叫定义变量，即变量赋值的过程，就是给变量起一个名字，然后赋给它一个数据。例如学生的姓名可以进行如下赋值。

```
stuname='张三'
```

这个指令的作用就是定义一个名字为 stuname 的变量，通过等号把字符张三赋值给它。一个好的程序，变量的名字一定要具有可读性。例如，当使用圆周率时，一般会用 π 这个名字作为圆周率的变量；用 name 作为名字变量；用 pwd 作为密码变量等。在每个编程语言中都有自己的命名规则，Python 语言的命名规则主要有以下几条。

（1）名字由字母、数字、下划线“_”组成，数字不能作为首字符。

（2）名字长度不限，但不宜过长。

（3）严格区分大小写。

（4）不可以使用 Python 语言中的关键字。关键字是预先保留的标识符，每个关键字都有特殊的含义。Python 语言的关键字列表如图 6-22 所示。

```
(base) PS C:\Users\dongyuxian> python
Python 3.7.6 (default, Jan  8 2020, 20:23:39) [MSC v.1916 64 bit (AMD64)] :: Anaconda, Inc. on win32
Type "help", "copyright", "credits" or "license" for more information.
>>> import keyword
>>> keyword.kwlist
['False', 'None', 'True', 'and', 'as', 'assert', 'async', 'await', 'break', 'class', 'continue', 'def', 'del', 'elif', '
else', 'except', 'finally', 'for', 'from', 'global', 'if', 'import', 'in', 'is', 'lambda', 'nonlocal', 'not', 'or', 'pas
s', 'raise', 'return', 'try', 'while', 'with', 'yield']
>>>
```

图 6-22　Python 语言的关键字列表

下面通过一个通信录的案例来说明如何使用 Python 语言中的变量，具体程序代码及运行结果如图 6-23所示。

本案例模拟了我们日常使用的手机通信录。首先记录每位老师的手机号码，将手机号码存入老师名字对应的变量中。如果要查询某位老师的手机号码，直接输入该老师的名字，通过查找变量中存储的数据，该老师的手机号码就可以显示出来了。

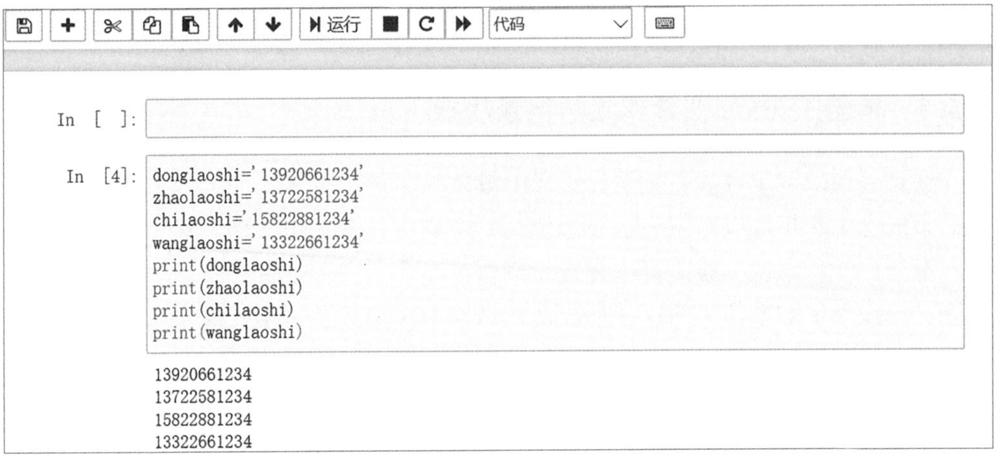

```
In [ ]:

In [4]: donglaoshi='13920661234'
        zhaolaoshi='13722581234'
        chilaoshi='15822881234'
        wanglaoshi='13322661234'
        print(donglaoshi)
        print(zhaolaoshi)
        print(chilaoshi)
        print(wanglaoshi)

        13920661234
        13722581234
        15822881234
        13322661234
```

图 6-23　通信录案例具体程序代码及运行结果

6.5.2　体验 Python 的列表与遍历通信录功能

Python 中的列表和歌曲列表类似，也是由一系列按特定顺序排列的元素组成的。它是 Python 中内置的可变序列。在形式上，列表的所有元素都放在一对中括号"［］"中，两个相邻的元素之间用"，"分隔。在内容上，可以将整数、实数、字符串、列表、元组等任何类型的内容放入到列表中，并且同一个列表中，元素的类型可以不同，因为各元素之间没有任何关系。由此可见，Python 语言中的列表特性，是其他语言所不具备的。下面简单了解一下列表的相关操作。

1. 使用赋值运算符直接创建列表

同其他类型的 Python 变量一样，创建列表时，也可以使用赋值运算符"＝"直接给一个列表来赋值，具体的语法格式如下所示。

listname＝[element1,element2,element3,element4,…,elementn]

其中，listname 表示列表的名称，只要是符合 Python 命名规范的标识符就可以。"element1，element2，element3，element4，…，elementn"是表中的元素，个数没有限制，只要是 Python 支持的数据类型都可以。

在下面的程序中定义列表的方法都是符合语法规范的，程序代码及运行结果如图 6-24 所示。

从图 6-24 中可以看到，可以将不同类型的数据放置到一个列表中，但是一般情况下，列表中的数据类型是单一的，这样有利于增加列表的可读性。

2. 创建空列表

在 Python 中，可以创建一个空列表，代码如下所示。

namelist＝[ ]

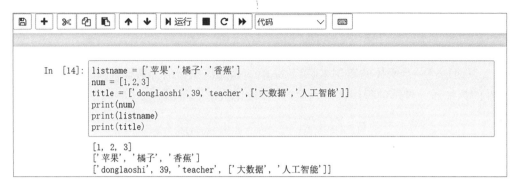

```
In [14]: listname = ['苹果','橘子','香蕉']
         num = [1, 2, 3]
         title = ['donglaoshi', 39, 'teacher', ['大数据','人工智能']]
         print(num)
         print(listname)
         print(title)

         [1, 2, 3]
         ['苹果', '橘子', '香蕉']
         ['donglaoshi', 39, 'teacher', ['大数据', '人工智能']]
```

图 6-24 列表使用举例

3. 创建数值列表

在 Python 中，数值列表是常用的，可以使用 list( ) 函数直接将 range( ) 函数循环出来的结果转换为列表。下面我们创建一个 1 到 1 000 之间（不包括 1 000）所有奇数的列表，具体的程序代码及运行结果如图 6-25 所示。

```
>>> list(range(1,1000,2))
[1, 3, 5, 7, 9, 11, 13, 15, 17, 19, 21, 23, 25, 27, 29, 31, 33, 35, 37, 39, 41, 43, 45, 47, 49, 51, 53, 55, 57, 59, 61,
63, 65, 67, 69, 71, 73, 75, 77, 79, 81, 83, 85, 87, 89, 91, 93, 95, 97, 99, 101, 103, 105, 107, 109, 111, 113, 115, 117,
119, 121, 123, 125, 127, 129, 131, 133, 135, 137, 139, 141, 143, 145, 147, 149, 151, 153, 155, 157, 159, 161, 163, 165,
167, 169, 171, 173, 175, 177, 179, 181, 183, 185, 187, 189, 191, 193, 195, 197, 199, 201, 203, 205, 207, 209, 211, 213,
215, 217, 219, 221, 223, 225, 227, 229, 231, 233, 235, 237, 239, 241, 243, 245, 247, 249, 251, 253, 255, 257, 259, 261,
263, 265, 267, 269, 271, 273, 275, 277, 279, 281, 283, 285, 287, 289, 291, 293, 295, 297, 299, 301, 303, 305, 307, 309,
311, 313, 315, 317, 319, 321, 323, 325, 327, 329, 331, 333, 335, 337, 339, 341, 343, 345, 347, 349, 351, 353, 355, 357,
359, 361, 363, 365, 367, 369, 371, 373, 375, 377, 379, 381, 383, 385, 387, 389, 391, 393, 395, 397, 399, 401, 403, 405,
407, 409, 411, 413, 415, 417, 419, 421, 423, 425, 427, 429, 431, 433, 435, 437, 439, 441, 443, 445, 447, 449, 451, 453,
455, 457, 459, 461, 463, 465, 467, 469, 471, 473, 475, 477, 479, 481, 483, 485, 487, 489, 491, 493, 495, 497, 499, 501,
503, 505, 507, 509, 511, 513, 515, 517, 519, 521, 523, 525, 527, 529, 531, 533, 535, 537, 539, 541, 543, 545, 547, 549,
551, 553, 555, 557, 559, 561, 563, 565, 567, 569, 571, 573, 575, 577, 579, 581, 583, 585, 587, 589, 591, 593, 595, 597,
599, 601, 603, 605, 607, 609, 611, 613, 615, 617, 619, 621, 623, 625, 627, 629, 631, 633, 635, 637, 639, 641, 643, 645,
647, 649, 651, 653, 655, 657, 659, 661, 663, 665, 667, 669, 671, 673, 675, 677, 679, 681, 683, 685, 687, 689, 691, 693,
695, 697, 699, 701, 703, 705, 707, 709, 711, 713, 715, 717, 719, 721, 723, 725, 727, 729, 731, 733, 735, 737, 739, 741,
743, 745, 747, 749, 751, 753, 755, 757, 759, 761, 763, 765, 767, 769, 771, 773, 775, 777, 779, 781, 783, 785, 787, 789,
791, 793, 795, 797, 799, 801, 803, 805, 807, 809, 811, 813, 815, 817, 819, 821, 823, 825, 827, 829, 831, 833, 835, 837,
839, 841, 843, 845, 847, 849, 851, 853, 855, 857, 859, 861, 863, 865, 867, 869, 871, 873, 875, 877, 879, 881, 883, 885,
887, 889, 891, 893, 895, 897, 899, 901, 903, 905, 907, 909, 911, 913, 915, 917, 919, 921, 923, 925, 927, 929, 931, 933,
935, 937, 939, 941, 943, 945, 947, 949, 951, 953, 955, 957, 959, 961, 963, 965, 967, 969, 971, 973, 975, 977, 979, 981,
983, 985, 987, 989, 991, 993, 995, 997, 999]
```

图 6-25 创建数值列表

在使用 list( ) 函数时，不仅能通过 range 对象创建列表，还可以通过其他对象创建列表。

4. 删除列表

可以通过下面的命令将建好的列表删除。

```
del listname
```

del 语句在实际开发时并不常用。因为 Python 自带的垃圾回收机制会自动销毁不用的列表，所以即使不删除，Python 也会自动将其回收。

5. 循环语句

在程序设计中经常需要反复去执行一段指令，这时就可以考虑使用循环语句来实现。循环语句的语法结构如下所示。

```
for 迭代变量 in 对象：
    循环体
```

下面通过一个具体的案例来解释 for 语句是如何执行的。假设需要求出整数 1 到 100 的累加和，具体的程序代码及运行结果如图 6-26 所示。

```
In  [4]:  print("计算1+2+3+……+100的结果是：")
          result = 0
          for i in range(101):
              result += i
          print(result)

          计算1+2+3+……+100的结果是：
          5050
```

图 6-26　整数 1 到 100 的累加和

其中，range( ) 函数是 Python 的内置函数，用于生成一系列连续的整数，多用于 for 循环语句中。其语法格式如下。

```
range(start,end,step)
```

其中，start 用于指定计数的起始值，如果是从 0 开始则可以省略；end 用于指定计数的结束值，需要注意的是函数 range（9）得到的值为 0~8，不包括 9，end 项不可以省略；step 用于指定步长，如果步长为 1，则可以省略。例如，range（1，5）得到的结果是：1，2，3，4。

6. 通信录列表与遍历

为了实现通信录中的手机号码列表的遍历功能，可以设计代码如图 6-27 所示。

```
In  [10]:  #每个人的手机号码赋值
           donglaoshi = 13920661234
           zhaolaoshi = 13722581234
           chilaoshi = 15822881234
           wanglaoshi = 13322661234
           xiaoming = 18212341234
           #创建手机号码列表
           addresslist = [donglaoshi, zhaolaoshi, chilaoshi, wanglaoshi, xiaoming]
           #遍历手机号码列表，输出每个人的手机号码
           for phonenum in addresslist:
               print(phonenum)

           13920661234
           13722581234
           15822881234
           13322661234
           18212341234
```

图 6-27　遍历通信录中的手机号码

从上面的代码中可以发现，这里升级了图 6-23 中的通信录，将通信录中的人

员变量存储到了 addresslist 列表中，然后对列表进行了遍历，这样就可以通过循环语句批量输出通信录中的手机号码了。

7. 通信录字典

字典和列表有相似之处，它们都是可变序列。不过与列表不同的地方在于，字典是无序的可变序列，保存的内容是以"键值对"的形式存放的。《新华字典》可以把音节表和汉字关联起来，通过拼音就可以快速地找到想要的汉字。在字典里面的音节表就相当于键（key），而对应的汉字就相当于值（value）。键是唯一的，而对应的值则可以有多个。

Python 中的字典相当于 Java 或者 C++中的 Map 对象，有 Java 或者 C++基础的读者可能理解起来相对容易些。字典的主要特征包含以下几个方面。

（1）字典中的值是通过键来读取的。字典有时也称为关联数组或者散列表，它是通过一系列的键将一系列的值联系起来的，这样就可以通过键来获取值，而不是通过索引来获取。

（2）字典是任意对象的无序集合。字典是无序的，各项从左到右随机排序，即保存在字典中的项没有特定的顺序，这种排序方法的优点是可以提高查找效率。

（3）字典是可变的，并且可以任意嵌套。字典可以在某处增长或者缩短，并且它支持任意深度的嵌套。

（4）字典中的键必须唯一。

（5）字典中的键是不可变的。例如可以使用数字、字符串或者元组，但列表不可以使用这些。

在创建字典时，"键"和"值"之间使用冒号分隔，相邻两个元素之间使用逗号分隔，所有元素要放置在一个大括号 {} 里面，字典的语法格式如下所示。

```
dictionary = {' key1' :' value1' ,' key2' :' value2' ,...,' keyN :' valueN }
```

其中，dictionary 表示字典的名称，只要符合 Python 的命名规范就可以。key1，key2，…，keyN 表示元素的值，必须是唯一的，并且不可变。value1，value2，…，valueN 表示元素的值，可以是任何数据类型。

通过以上方法可以将通信录以字典的形式进行升级，升级后的程序代码和运行结果如图 6-28 所示。

通过上面的程序，以字典的方式建立了通信录，并且在通信录中加了微信号这一项记录，最后通过建立列表来存储通信录中的所有记录。到目前为止，通信录已初具规模，里面存储的信息也越来越多。

教师节到了，如果想要通过编程实现给每位老师发送节日祝福，可以设计如图 6-29 所示的代码。

这个示例通过编程实现了单独给每个老师发送祝福信息的功能，但是仍存在一个问题，该程序不仅把祝福短信息发给了老师，还发给了通信录里的其他人（如家

```
In [2]: #以字典的方式建立通信录
        teacher_dong = {'name':'donglaoshi','phone':'13920661234','weixin':'13920661234'}
        teacher_zhao = {'name':'zhaolaoshi','phone':'13722581234','weixin':'13920661234'}
        teacher_chi = {'name':'chilaoshi','phone':'15822881234','weixin':'13920661234'}
        teacher_wang = {'name':'wanglaoshi','phone':'13322661234','weixin':'13920661234'}
        grandfather = {'name':'zhangjunyi','phone':'18822881234','weixin':'13920661234'}
        grandmother = {'name':'wangxiulan','phone':'19822881234','weixin':'13920661234'}
        schoolmate_xiaoming = {'name':'sunxiaoming','phone':'16822881234','weixin':'13920661234'}
        #建立通信录列表
        addresslist = [teacher_dong, teacher_zhao, teacher_chi, teacher_wang, grandfather, grandmother
        addresslist
```

```
Out[2]: [{'name': 'donglaoshi', 'phone': '13920661234', 'weixin': '13920661234'},
         {'name': 'zhaolaoshi', 'phone': '13722581234', 'weixin': '13920661234'},
         {'name': 'chilaoshi', 'phone': '15822881234', 'weixin': '13920661234'},
         {'name': 'wanglaoshi', 'phone': '13322661234', 'weixin': '13920661234'},
         {'name': 'zhangjunyi', 'phone': '18822881234', 'weixin': '13920661234'},
         {'name': 'wangxiulan', 'phone': '19822881234', 'weixin': '13920661234'},
         {'name': 'sunxiaoming', 'phone': '16822881234', 'weixin': '13920661234'}]
```

图 6-28 以字典的方式建立通信录

```
In [4]: for t in addresslist:
            print('尊敬的'+t['name']+',学生张培祝您教师节快乐！')

        尊敬的donglaoshi,学生张培祝您教师节快乐！
        尊敬的zhaolaoshi,学生张培祝您教师节快乐！
        尊敬的chilaoshi,学生张培祝您教师节快乐！
        尊敬的wanglaoshi,学生张培祝您教师节快乐！
        尊敬的zhangjunyi,学生张培祝您教师节快乐！
        尊敬的wangxiulan,学生张培祝您教师节快乐！
        尊敬的sunxiaoming,学生张培祝您教师节快乐！
```

图 6-29 群发节日祝福短信

人和同学），这可不是我们想看到的结果。下面的知识点将会解决这一问题。

8. 通信录中实现流程控制

流程控制对于任何一门编程语言来说都是非常重要的，如果没有流程控制语法存在，那么程序就只会按顺序从头到尾一直执行下去，这样的程序逻辑很难满足客户的要求。在 C 语言、C++语言及 Java 语言等编程语言中，选择语句包括 switch 语句，可以实现多重选择。但是在 Python 语言中没有 switch 语句，如果需要实现多重选择的功能，只能通过 if…else…else 语句或者 if 语句的嵌套来实现。

在 Python 语言中，使用 if 保留字来组成选择语句，其最简单的语法形式如下所示。

```
if表达式:
    语句块
```

下面通过一个案例来说明如何使用 if 语句来控制程序流程。例如编写一个程序实现对学习成绩档次的判断，即根据输入的成绩来判断该成绩是不及格、及格、良好还是优秀，具体的程序代码及运行结果如图 6-30 所示。

```
In [10]:  score = int(input())
          if score<60:
              print('考试成绩不及格！')
          if score>=60 and score<80:
              print('考试成绩是及格！')
          if score>=80 and score<90:
              print('考试成绩是良好！')
          if score>=90 and score<=100:
              print('考试成绩是优秀！')

          95
          考试成绩是优秀！
```

图 6-30　考试成绩判断

如果遇到的是二选一的情况，可以通过 if…else 语句来实现该类问题，其语法格式如下所示。

```
if 表达式：
    语句块 1
else：
    语句块 2
```

下面将流程控制语句块应用到通信录中。首先升级一下通信录中每个人的记录内容，程序代码如图 6-31 所示。

```
In [1]:  #以字典的方式建立通信录
         teacher_dong = {'name':'donglaoshi','phone':'13920661234','weixin':'13920661234','relationship':'teacher'}
         teacher_zhao = {'name':'zhaolaoshi','phone':'13722581234','weixin':'13920661234','relationship':'teacher'}
         teacher_chi = {'name':'chilaoshi','phone':'15822881234','weixin':'13920661234','relationship':'teacher'}
         teacher_wang = {'name':'wanglaoshi','phone':'13322661234','weixin':'13920661234','relationship':'teacher'}
         grandfather = {'name':'zhangjunyi','phone':'18822881234','weixin':'13920661234','relationship':'family'}
         grandmother = {'name':'wangxiulan','phone':'19822881234','weixin':'13920661234','relationship':'family'}
         schoolmate_xiaoming = {'name':'sunxiaoming','phone':'16822881234','weixin':'13920661234','relationship':'schoolmate'}
         #建立通信录信表
         addresslist = [teacher_dong, teacher_zhao, teacher_chi, teacher_wang, grandfather, grandmother, schoolmate_xiaoming]
         addresslist
```

图 6-31　通信录创建代码

从上面创建的通信录代码中，可以看到增加了一项 relationship，该项表示通信录中的记录人员与通信录使用者之间的关系。运行该程序就可以得到如图 6-32 所示的运行结果。

至此，建立的通信录里面的内容已经比较丰富了，除了姓名和电话号码之外，还储存了微信号和关系信息。在这个基础上还可以继续升级相关内容，以存储更多的信息，为通信录的智能化奠定数据基础。

下面就可以解决之前遇到的问题了，即在给老师发教师节祝福时，虽然实现了群发的功能，但是无法准确地避开通信录中的其他人员。具体程序设计代码及运行结果如图 6-33 所示。

通过上面通信录的案例，我们学习了 Python 语言中的变量、列表、循环语句、字典、流程控制语句等常用的编程知识。

人工智能基础项目教程

```
Out[1]:  [{'name' : 'donglaoshi',
          'phone' : '13920661234',
          'weixin' : '13920661234',
          'relationship' : 'teacher'},
         {'name' : 'zhaolaoshi',
          'phone' : '13722581234',
          'weixin' : '13920661234',
          'relationship' : 'teacher'},
         {'name' : 'chilaoshi',
          'phone' : '15822881234',
          'weixin' : '13920661234',
          'relationship' : 'teacher'},
         {'name' : 'wanglaoshi',
          'phone' : '13322661234',
          'weixin' : '13920661234',
          'relationship' : 'teacher'},
         {'name' : 'zhangjunyi',
          'phone' : '18822881234',
          'weixin' : '13920661234',
          'relationship' : 'family'},
         {'name' : 'wangxiulan',
          'phone' : '19822881234',
          'weixin' : '13920661234',
          'relationship' : 'family'},
         {'name' : 'sunxiaoming',
          'phone' : '16822881234',
          'weixin' : '13920661234',
          'relationship' : 'schoolmate'}]
```

图 6-32　通信录内容显示

```
for t in addresslist:
    if t['relationship'] =='teacher':
        print('尊敬的'+t['name']+',学生张培祝您教师节快乐!')
    elif t['relationship'] =='family':
        print('亲爱的'+t['name']+',培培祝您中秋节快乐!')
    else:
        print(t['name']+',张培祝您和家人中秋节快乐!')

尊敬的donglaoshi,学生张培祝您教师节快乐!
尊敬的zhaolaoshi,学生张培祝您教师节快乐!
尊敬的chilaoshi,学生张培祝您教师节快乐!
尊敬的wanglaoshi,学生张培祝您教师节快乐!
亲爱的zhangjunyi,培培祝您中秋节快乐!
亲爱的wangxiulan,培培祝您中秋节快乐!
sunxiaoming,张培祝您和家人中秋节快乐!
```

图 6-33　通信录分类群发节日祝福

学习笔记

课后习题

1. 尝试亲自利用 Python 的画线函数, 画出更加复杂的图形。

2. 将智能通信录中的项目丰富, 使其更加符合日常生活或者使用者的习惯, 并通过编程实验运行通信录的使用效果。

参考答案

项目 7　人工智能框架技术

微课+课件

 项目目标

1. 了解 scikit-learn 机器学习框架。
2. 掌握如何安装 scikit-learn 框架。
3. 了解简单的机器学习过程。
4. 了解 TensorFlow 的概念。
5. 了解 TensorFlow 的特性。
6. 了解国内人工智能框架的发展。
7. 了解可视化 TensorFlow。
8. 了解 AI Training 编辑器使用说明。
9. 掌握 AI Training 模型训练。

项目导读

人工智能（AI）正得到越来越多的关注，我们经常会在媒体上看到有关人工智能的各种创新新闻，如智能高铁、智能城轨、无人驾驶、人工智能跟人类棋手下棋等。作为人工智能的一个重要分支，机器学习的很多相关技术已经在人们的生活中得到了应用，例如：

（1）支付宝中的人脸识别支付功能；

（2）手机、智能电视等设备的语音控制、语音转换文字等功能；

（3）垃圾邮件的自动分类；

（4）医院的导诊机器人；

（5）轨道交通中的人脸识别闸机。

本项目主要介绍 Python 在人工智能开发中常用的科学计算类及机器学习常用开发框架。

（C）⁎ 项目实施

任务 7.1　scikit-learn 机器学习框架

scikit-learn（以前称为 scikits. learn，也称为 sklearn）是针对 Python 编程语言的免费软件机器学习库。它具有各种分类、回归和聚类算法，包括支持向量机、随机森林、梯度提升、k 均值和 DBSCAN 等。

scikit-learn 项目起始于 scikits. learn，这是 David Cournapeau 的 Google Summer of Code 项目。它的名称源于它是 "scikit"（SciPy 工具包）的概念，它是由 SciPy 独立开发和分布式第三方扩展形成的。scikit-learn 是 GitHub 上最受欢迎的机器学习库之一。scikit-learn 主要由 Python 编写完成，因此可以广泛使用 NumPy 进行高性能的线性代数和数组运算。此外，scikit-learn 能够与许多其他 Python 库很好地集成在一起，如 Matplotlib 和 Plotly 用于绘图，NumPy 用于数组矢量化，Pandas 用于数据处理、SciPy 用于科学计算等。

7.1.1　安装 scikit-learn 框架

进入 scikit-learn 的官方网站（https：//scikit-learn. org/stable/），如图 7-1所示，在官网中可以看到 scikit-learn 开发框架的搭建方法、用户引导、常用 API 介绍、案例及其他更多功能。

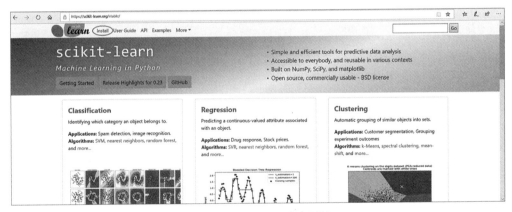

图 7-1　scikit-learn 官方网站

如果是第一次安装，网站中提供了安装说明文件，可以参考安装说明文件进行安装，如图 7-2 所示。

在 Windows 系统中，可以使用 pip 安装方式，具体安装代码如下所示。

```
pip install-U scikit-learn
```

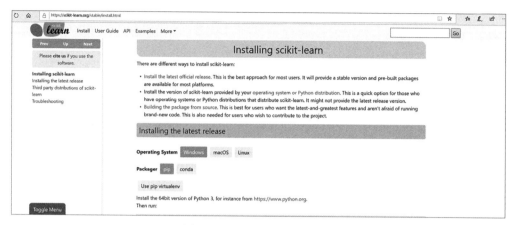

图 7-2 scikit-learn 安装说明

可以通过下面的命令来查看 scikit-learn 是否安装成功。

```
# to see which version and where scikit-learn is installed
python- m pip show scikit-learn
# to see all packages installed in the activevirtualenv
python- m pip freeze
python- c "importsklearn; sklearn.show_versions( )"
```

安装好 scikit-learn 之后就可以使用了。这里通过引入 sklearn 模块进行测试，如果没有报错，那么就可以进行下一步编程了，这也是 scikit-learn 框架的第一行代码，如图 7-3 所示。

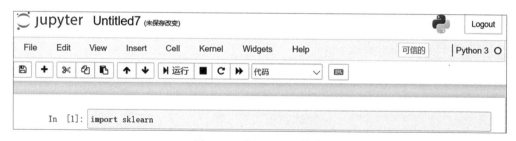

图 7-3 引入 sklearn 模块

7.1.2 机器学习的过程

下面通过识别樱桃和荔枝（图 7-4）这一简单的案例来说明机器学习的过程。

机器学习的主要手段就是通过算法来解析数据，从数据中学习，然后对事件做出决策和预测。一般情况下机器学习可以分成三步来实现：训练数据的收集、训练分类器和做出预测。

为了让机器能够判断物体是樱桃还是荔枝，需要写一个区分水果的机器学习模型。下面将按照机器学习的三个步骤来建立模型，解决樱桃和荔枝分类的问题。

图 7-4　樱桃和荔枝

1. 训练数据的收集

为了收集训练数据，需要想象樱桃和荔枝的不同之处，研究出分辨樱桃和荔枝的方法，然后将收集好的数据记录到一张表中。机器学习中这种测量得到的值所对应的属性叫作特征，为了说明简便这里只采集两种特征数据：重量和质感。需要注意的是尽量选择适合的特征，这样才能更好地区分樱桃和荔枝，并设计出预测率更高的模型。收集到的训练数据见表 7-1。

表 7-1　训练数据

重量	质感	标签
15 g	smooth	cherry
14 g	smooth	cherry
13 g	smooth	cherry
18 g	bumpy	litchi
20 g	bumpy	litchi
22 g	bumpy	litchi
…	…	…

表格中的每一行就是收集训练数据的一个样本，最后一列称为标签，用来表明这个样本是什么水果，整张表格就是训练数据集。

需要注意的是，训练数据越多，分类器就越能更好地区分樱桃和荔枝，即拥有越多的训练数据，预测的结果也就越准确。现在把训练用的数据转换为计算机能够识别的代码。在代码中定义两个变量：特征和标签。

```
features=[[15,' smooth' ],[14,' smooth' ],[13,' smooth' ],
        [18,' bumpy' ],[20,' bumpy' ],[22,' bumpy' ]]
labels=[' cherry' ,' cherry' ,' cherry' ,' litchi' ,' litchi' ,' litchi' ]
```

为了能够使数据进行科学计算，需要再一次将数据进行转换，将"bumpy"和"cherry"用 1 来表示，将"smooth"和"litchi"用 0 来表示，代码如下所示。

```
features = [[15,1],[14,1],[13,1],
           [18,0],[20,0],[22,0]]
labels = [1,1,1,0,0,0]
```

2. 训练分类器

收集到数据后，接下来要做的就是使用这些数据来训练分类器。常见的分类器有很多类型，或者说有很多种算法。传统的算法包括决策树学习、推导逻辑规划、聚类、强化学习和贝叶斯网络等。机器学习本质上就是学习算法。

按照训练的数据有无标签，可以将上面提到的算法分为监督学习算法和无监督学习算法。

1）监督学习算法

监督学习算法是指利用一组已知类别的样本调整分类器的参数，使其达到所要求性能的过程，也称为监督训练或有教师学习。

监督学习是从标记的训练数据来推断一个功能的机器学习任务。训练数据包括一套训练示例。在监督学习中，每个实例都由一个输入对象（通常为矢量）和一个期望的输出值（也称为监督信号）组成。监督学习算法是分析该训练数据，并产生一个推断的功能，其可以用于映射出新的实例。一个最佳的方案将使该算法能正确地判断那些未知实例的类标签。这就要求学习算法以一种"合理"的方式从训练数据到未知数据的情况下形成。

监督学习中需要注意以下几个方面的问题。

（1）偏置和方差之间的权衡。

第一个是偏置和方差之间的权衡问题。较低的学习算法偏差必须灵活，这样就可以很好地匹配数据。但如果学习算法过于灵活，它将匹配每个不同的训练数据集，因此会产生很高的方差。许多监督学习方法的一个关键方面是它们能够通过提供一个偏置方差参数来进行偏置和方差之间的权衡。

（2）功能的复杂度和训练数据量。

第二个是训练数据量和功能（分类或回归函数）复杂度的关系问题。如果功能简单，则一个"不灵活"的学习算法（具有高偏置和低方差）将能够从一个小数据量数据集中进行学习。但是，如果功能非常复杂（如涉及许多不同的输入元素之间的相互作用），那么该函数需要使用"灵活"的学习算法（具有低偏置和高方差），同时需要一个数量非常大的训练数据集。因此，训练数据量和功能的复杂度有着直接的关系。

（3）输入空间的维数。

第三个是输入空间的维数问题。如果输入的特征向量具有非常高的维数，那么学习问题是很困难的，即使函数仅依赖于小数目的特征值。这是因为许多"额外"的因素容易混淆学习算法，并使其具有高方差。因此，高的输入维数通常需要调整分类器具有低方差和高偏置。在实践中，如果工程师能够从输入数据中手动删除不相关的特征值，则可以提高学习算法的准确性。

（4）噪声中的输出值。

第四个是在所需要的输出值（监控目标变量）中的噪声问题。由于人为原因或传感器的错误，希望的输出值通常是不正确的，因此试图让学习算法找到一个函数可以完全匹配的训练示例是不现实的。

监督学习算法是目前研究较为广泛的一种机器学习方法，其中神经网络传播算法、决策树学习算法、线性回归、逻辑回归等已在许多领域中得到成功的应用。但是，监督学习需要给出不同环境状态下的期望输出（导师信号），完成的是与环境没有交互记忆和知识重组的功能，因此限制了该方法在复杂的优化控制问题中的应用。

2）无监督学习算法

现实生活中常常会遇到这样的问题：由于缺乏足够的先验知识而难以人工标注类别，或进行人工类别标注的成本太高，因此希望计算机能代替人们完成或部分完成这些工作，或至少提供一些帮助。根据类别未知（没有被标记）的训练样本解决模式识别中的各种问题，称之为无监督学习。

常见的应用背景包括：

（1）从一个庞大的样本集合中选出一些具有代表性的加以标注，用于分类器的训练；

（2）先将所有样本自动分为不同的类别，再由工程师对这些类别进行标注；

（3）在无类别信息情况下，寻找具有代表性的特征。

常用的无监督学习算法主要有主成分分析（PCA）方法、等距映射方法、局部线性嵌入方法、拉普拉斯特征映射方法、黑塞局部线性嵌入方法和局部切空间排列方法等。

从原理上来说，PCA等数据降维算法同样适用于深度学习，但是这些数据降维方法复杂度较高，并且其算法的目标太明确，使得抽象后的低维数据中没有次要信息，而这些次要信息可能在更高层看来是区分数据的主要因素。所以现在深度学习中的无监督学习方法通常采用较为简单的算法和直观的评价标准。

3. 做出预测

这里不对算法做过多的介绍，在本案例中直接使用决策树算法。简单地说，决策树有点像 if 语句，通过一系列的判断得到最终的结果。在将所有数据传给决策树后，决策树会根据这些数据进行学习，并得到自己的判断标准；这时再给它一个新的数据，它就会给出预测结果。例如若得到的新数据是 23 g 并且表面粗糙，那么它的预测结果可能为荔枝。为什么在这里说可能，是因为目前给定的训练数据比较少，所以预测结果不一定精准。假设又得到一个 500 g 且表面粗糙的数据，它可能会判断为荔枝。最终程序代码如下所示。

```
fromsklearn import tree
features=[[15,1],[14,1],[13,1],
          [18,0],[20,0],[22,0]]
labels=[1,1,1,0,0,0]
clf=tree.DecisionTreeClassifier( )
clf=clf.fit(features,labels)
print(clf.predict([[16,1]]))
```

运行上面的程序代码，执行结果如图7-5所示。

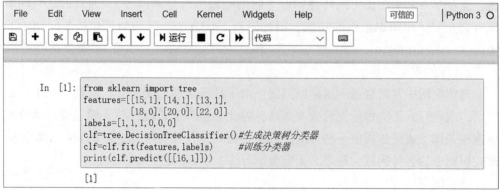

图7-5　决策预测结果

通过这个简单的过程，希望能使读者对机器学习有一个初步的了解。如果想要进一步研究机器学习的内容，可以选择相关的书籍继续深入学习。

学习笔记

任务 7.2　TensorFlow 机器学习框架

TensorFlow 是一个基于数据流编程（dataflow programming）的符号数学系统，被广泛应用于各类机器学习算法的编程实现，其前身是 Google 的神经网络算法库 Dist-Belief。

TensorFlow 拥有多层级结构，可部署于各类服务器、PC 终端和网页并支持 GPU 和 TPU 高性能数值计算，被广泛应用于 Google 内部的产品开发和各领域的科学研究。

TensorFlow 由 Google 人工智能团队 Google Blain 开发和维护，拥有包括 TensorFlow Hub、TensorFlow Lite、TensorFlow Research Cloud 在内的多个项目及各类应用程序接口。自 2015 年 11 月 9 日起，TensorFlow 依据阿帕奇授权协议（Apache 2.0 open source license）开放源代码。此后 TensorFlow 快速发展，截至稳定 API 版本 1.12，已经成为包含各类开发和研究项目的完整生态系统。在 2018 年 4 月的 TensorFlow 开发者峰会中，有 21 个 TensorFlow 有关主题得到展示。

7.2.1　TensorFlow 的概念

在机器学习流行之前，与语音和图像相关的识别大多数基于规则的系统。例如做自然语言处理，需要很多语言学的知识；再如 1997 年 IBM 的深蓝计算机对战国际象棋人类大师，也需要很多象棋知识。

当以统计方法为核心的机器学习方法成为主流后，我们需要的领域知识就相对减少了，重要的是做特征工程（feature engineering），然后调用一些参数，根据相关领域的经验来不断提取特征，因此特征的好坏往往直接决定了模型的好坏。这种方法的一大缺点是，在文字等抽象领域特征还相对容易提取，而在语音这种一维时域信号和图像这种二维空域信号等领域，提取特征就相对困难了。深度学习的突破在于，它不需要我们过多地提取特征，在神经网络的每一层中，计算机都可以自动学习出特征。为了实现深度学习中运用的神经网络，TensorFlow 这样的深度学习开源工具就应运而生。我们可以使用它来搭建自己的神经网络。这有点类似于 PHP 开发中的 CodeIgniter 框架，Java 开发中的 SSH 三大框架，Python 开发中的 Tornado、Django 框架，C++ 中的 MFC、ACE 框架等。框架的主要目的是提供一个工具箱，使开发时能够简化代码，呈现出来的模型尽可能简洁易懂。

TensorFlow 支持卷积神经网络（convolutional neural network，CNN），循环神经网络（recurrent neural network，RNN），以及 RNN 的一个特例长短期记忆网络（long short-term memory，LSTM），这些都是目前在计算机视觉、语音识别、自然语言处理方面最流行的深度神经网络模型。一个有效的框架应该具备以下几个方面的功能。

（1）Tensor 库对 CPU/GPU 是透明的，并且可以实现很多操作（如切片、数组或矩阵操作等）。这里的透明是指，在不同设备上无论如何运算，都是由框架去实现，用户只需要指定在哪个设备上进行运算即可。

（2）有一个完全独立的代码库，用脚本语言（最为理想的是 Python 语言）来操作 TensorFlow，并且能实现所有深度学习的内容，包括前向传播/反向传播、图形计算等。

（3）可以轻松地共享预训练模型（如 Caffe 的模型及 TensorFlow 中的 slim 模块）。

（4）没有编译过程。深度学习是向着更大、更复杂的网络发展的，因此在复杂图算法中花费的时间会成倍增加。而且进行编译的话会丢失可解释性和有效进行日志测试的能力。

在工业界，TensorFlow 将会比其他框架更具优势。工业界的目标是把模型落实到产品上，而产品的应用领域一般有两个：一个是基于服务端的大数据服务，让用户直接体验到服务端强大的计算能力；另一个是直接面向终端用户的移动端及一些嵌入式的智能产品。

一个好的框架必须具有好的用户生态，用的人越多，生态就会越繁荣，这样就会吸引更多的用户。这些庞大的用户数就是 TensorFlow 框架的生命力。

7.2.2　TensorFlow 的特性

在 TensorFlow 官方网站上，着重介绍了 TensorFlow 的六大优势特性。

1）高度的灵活性

TensorFlow 是一个采用数据流图（data flow graph）用于数值计算的开源软件库。只要计算可以表示为一个数据流图，就可以使用 TensorFlow，只需要构建图书写计算的内部循环即可。因此，它并不是一个严格的"神经网络库"。用户也可以在 TensorFlow 上封装自己的"上层库"，如果发现没有自己想要的底层操作，用户也可以自己写 C++代码来丰富。关于封装的"上层库"，TensorFlow 现在有很多开源的上层库工具，极大地减少了重复代码量。

2）真正的可移植性

TensorFlow 可以在 CPU 和 GPU 上，以及台式机、服务器、移动端、云端服务器、Docker 容器等各个终端运行。因此，当用户有一个新点子时，可以立即在笔记本上进行尝试。

3）将科研和产品结合在一起

过去如果将一个科研中的机器学习想法应用到商业化的产品中，需要很多的代码重写工作。现在 TensorFlow 提供了一个快速试验的框架，可以尝试新算法，并训练出模型，大大提高了科研产出率。

4）自动求微分

求微分是基于梯度的机器学习算法的重要一步。使用 TensorFlow 后，只需要定义预测模型的结构和目标函数，将两者结合在一起后添加相应的数据，TensorFlow 就会自动完成计算微分操作。

5）多语言支持

TensorFlow 提供了 Python、C++、Java 接口来构建用户的程序，而核心部分是用 C++实现的。用户可以使用 Jupyter Notebook 来书写笔记和代码，以及可视化每一步的特征映射。用户也可以开发更多其他语言（如 Go、Lua、R 等）的接口。

6）最优化性能

假如用户有一台 32 个 CPU 内核、4 个 GPU 显卡的机器，如何将计算机的所有硬件计算机资源全部发挥出来呢？TensorFlow 给予线程、队列、分布式计算等支持，可以让用户将 TensorFlow 的数据流图上的不同计算元素分配到不同的设备上，最大限度地利用硬件资源。

7.2.3　TensorFlow 的发展

2016 年 4 月，TensorFlow 0.8 版本就支持了分布式及多 GPU 运算。TensorFlow 在图像分类的任务中，在 100 个 GPUs 和不到 65 h 的训练时间下，达到了 78%的正确率。在激烈的商业竞争中，更快的训练速度是人工企业的核心竞争力。而分布式 TensorFlow 意味着它能够真正大规模进入到人工智能产业中，并产生实质的影响。

2016 年 6 月，TensorFlow 0.9 版本改进了对移动设备的支持，增加了对 iOS 的支持。随着 Google 增加了 TensorFlow 对 iOS 的支持，应用程序将能够集成更多的功能，最终使程序变得更加智能。2017 年 2 月，TensorFlow 1.0 正式版中增加了 Java 和 Go 的实验性 API，以及专用编译器 XLA 和调试工具 Debugger，还发布了 tf. transform 专门用来进行数据预处理，另外还推出了 "动态图计算" TensorFlow Fold。用户可以使用 Google 公司的 PaaS TensorFlow 产品 Cloud Machine Learning 来做分布式训练。现在也已经有了完整的 TensorFlow Model Zoo。

7.2.4　国内人工智能框架的发展

近年来，国内涌现出了一批人工智能公司，很多互联网公司也开始专注人工智能方向。国内的腾讯、阿里、百度三大公司在人工智能研究和商业探索方面起步最早。腾讯优图是腾讯的人工智能开放平台；阿里云 ET 是阿里巴巴的智能机器人；百度主要在无人驾驶汽车和手机百度客户端的基于 "自然语言的人机交互界面" 的 "度秘" 上发力。这些都是人工智能在产业界应用的探索。此外，涉足人工智能领域的还有搜狗、云从科技、商汤科技、昆仑万维、国泰安等公司。下面介绍国内几家比较有特色的做人工智能相关产品的公司。

（1）陌上花科技：提供图像识别、图像搜索、物体追踪检测、图片自动化标记、图像视频智能分析、边看边买、人脸识别和分析等服务。衣+（Dress+）是北京陌上花科技有限公司旗下的以图搜衣应用，可连接图像、人与商品，旨在帮助用户寻找身边喜欢的衣服并拍照，通过图片搜索相同或相似款时尚服饰，并可实现购买及社交功能。该应用通过新一代图像识别搜索和机器学习技术来挖掘移动互联网海量图像数据中潜在的商业信息，搜索结果会以图片列表展示。用户可通过产品类别、颜色、价格等条件改进搜索结果，还可在 Dress+的社区贴照片，等待时尚专家或其他用户众包的"搜索结果"。另外，该应用可导入社交网络熟人关系，得到他人的实名/匿名评价，并可根据对时尚服饰的兴趣爱好交友。

（2）旷视科技：以人脸识别精度著称，并且提供人工智能开放平台。旷视科技的核心技术是计算视觉及传感技术相关的人工智能算法，包括但不限于人脸识别、人体识别、手势识别、文字识别、证件识别、图像识别、物体识别、车牌识别、视频分析、三维重建、智能传感与控制等技术。旷视科技通过底层 AI 算法引擎和 AIoT（人工智能物联网）操作系统的建设实现技术商业化。

（3）科大讯飞：主要提供语音识别解决方案，以及语音合成、语言云（分词、词性标注、命名实体识别、依存句法分析、语义角色标注等）等语音扩展服务，有完善的 SDK 及多种语言实现的 API。科大讯飞作为中国最大的智能语音技术提供商，在智能语音技术领域有着长期的研究积累，并在中文语音合成、语音识别、口语评测等多项技术上拥有国际领先的成果。科大讯飞是我国唯一以语音技术为产业化方向的"国家 863 计划成果产业化基地""国家规划布局内重点软件企业""国家火炬计划重点高新技术企业""国家高技术产业化示范工程"，并被信息产业部确定为中文语音交互技术标准工作组组长单位，牵头制定中文语音技术标准。2003 年，科大讯飞获中国语音产业"国家科技进步奖（二等）"，2005 年获中国信息产业自主创新最高荣誉"信息产业重大技术发明奖"。2006 年至 2011 年，科大讯飞连续六届荣获国际英文语音合成大赛（Blizzard Challenge）第一名。科大讯飞 2008 年获国际说话人识别评测大赛冠军，2009 年获得国际语种识别评测大赛（NIST 2009）高难度混淆方言测试指标冠军、通用测试指标亚军。

基于拥有自主知识产权的世界领先智能语音技术，科大讯飞已推出的产品能够满足不同应用环境，从大型电信级应用到小型嵌入式应用，从电信、金融等行业到企业和家庭用户，从 PC 到手机，以及到 MP3/MP4/PMP 和玩具。科大讯飞占有中文语音技术市场 70%以上市场份额，语音合成产品市场份额达到 70%以上，在电信、金融、电力、社保等主流行业的份额达 80%以上，开发伙伴超过 10 000 家，灵犀定制语音助手在同类产品中用户规模排名第一。

（4）地平线：嵌入式人工智能的领导者，致力于提供高性能、低功耗、低成本、完整开放的嵌入式人工智能。

7.2.5　可视化 TensorFlow

可视化是认识程序最直观的方式。在做数据分析时，可视化一般是数据分析最后一步的结果呈现。PlayGround 是一个用于教学目的的简单神经网络的在线演示、实验的图形化平台，非常强大地可视化了神经网络的训练过程。用户使用它可以在浏览器里训练神经网络，并对 TensorFlow 有一个感性的认识。

如图 7-6 所示，PlayGround 界面主要由几个部分组成，从左到右分别为数据（DATA）、特征（FEATURES）、隐藏层（HIDDEN LAYERS）和输出（OUTPUT）。

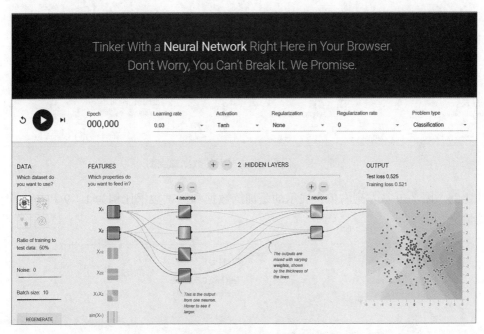

图 7-6　PlayGround 界面

1）数据

在二维平面内，点被标记成两种颜色。深色（电脑屏幕显示为蓝色）代表正值，浅色（电脑屏幕显示为黄色）代表负值。用这两种颜色表示想要区分的 2 类，如图 7-7 所示。

网站提供了 4 种不同形态的数据螺旋图，分别是圆形、异或、高斯和螺旋，如图 7-7 所示。神经网络会根据所给的数据进行训练，再分类规律相同的点。

PlayGround 中的数据配置非常灵活，可以调整噪声的大小。图 7-8 展示了当噪声分别为 0、25 和 50 时的数据分布。

PlayGround 中也可以改变训练数据和测试数据

图 7-7　数据

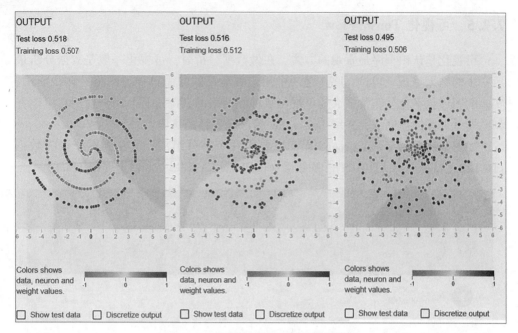

图 7-8　不同噪声情况下的数据螺旋图

的比例。图 7-9 从左到右依次展示的是训练数据和测试数据比例为 1∶9 和 9∶1 时的情况。

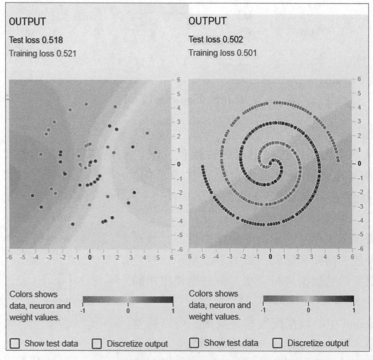

图 7-9　不同训练数据与测试数据比例情况下的数据螺旋图

　　此外，PlayGround 中还可以调整输入的每批（batch）数据的量，调整范围可以是 1~30。也就是说，每批进入神经网络数据的点可以是 1~30 个，如图 7-10 中深色框所示。

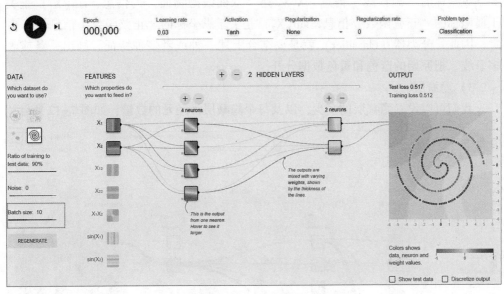

图 7-10　batch 设置

2）特征

　　接下来需要做特征提取，每一个点都有 X_1 和 X_2 两个特征，由这两个特征还可以衍生出许多其他特征，如 X_1X_1、X_2X_2、X_1X_2、$\sin(X_1)$、$\sin(X_2)$ 等，如图 7-11所示。

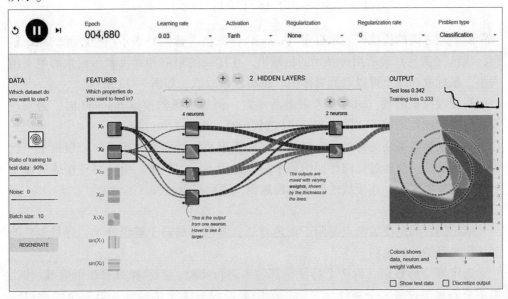

图 7-11　特征

从颜色上看，X_1 左边浅色（电脑屏幕显示为黄色）是负，右边深色（电脑屏幕显示为蓝色）是正，X_1 表示此点的横坐标值。同理，X_2 上边深色是正，下边浅色是负，X_2 表示此点的纵坐标值。X_1X_1 是关于横坐标的"抛物线"信息，X_2X_2 是关于纵坐标的"抛物线"信息，X_1X_2 是"双曲线抛物面"的信息，$\sin(X_1)$ 是关于横坐标的"正弦函数"信息，$\sin(X_2)$ 是关于纵坐标的"正弦函数"信息。

因此，分类器（classifier）就是要结合上述一种或者多种特征，画出一条或者多条线，把原始的蓝色和黄色数据分开。

3）隐藏层

我们可以设置隐藏层的多少，以及每个隐藏层神经元的数量，如图 7-12 所示。

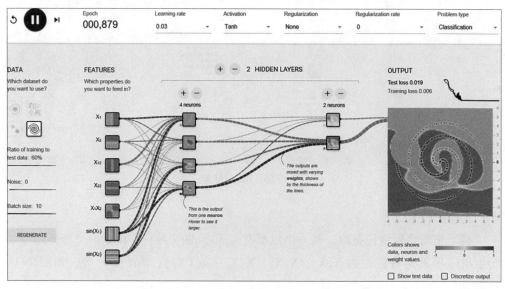

图 7-12　隐藏层

隐藏层之间的连接线表示权重（weight），深色（蓝色）表示用神经元的原始输出，浅色（黄色）表示用神经元的负输出。连接线的粗细和深浅表示权重的绝对值大小。鼠标放在线上可以看到具体值，也可以修改值，如图 7-13 所示。

在修改权重值时，同时要考虑激活函数，例如当函数换成 Sigmoid 时，会发现没有负向的黄色区域了，因为 Sigmoid 的值域是（0，1）。

下一层神经网络的神经元会对这一层的输出再进行组合。组合时，根据上一次预测的准确性，会通过反向传播给每个组合赋予不同的权重。组合时连接线的粗细和深浅会发生变化，连接线的颜色越深越粗，表示权重越大。

4）输出

输出的目的是使黄色点都归于黄色背景，蓝色点都归于蓝色背景，背景颜色的深浅代表可能性的强弱。

选定螺旋形数据，将 7 个特征全部输入进行实验。当选择只有 3 个隐藏层时，第一个隐藏层设置 8 个神经元，第二个隐藏层设置 4 个神经元，第三个隐藏层设置 2 个神经元。训练大概 2 min 后，测试损失（test loss）和训练损失（training

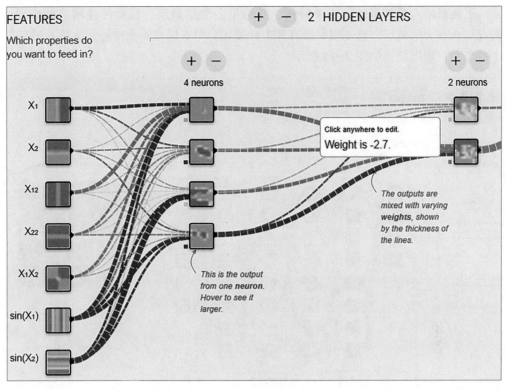

图 7-13　权重值修改

loss）就不再下降了。训练完成时可以看出，神经网络已经完美地分离出了黄色点和蓝色点，如图 7-14 所示。

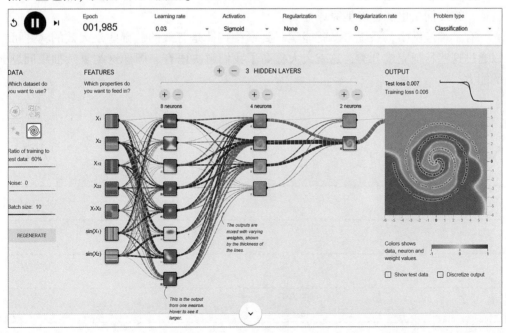

图 7-14　输出结果

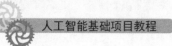

下面只输入最基本的前4个特征，并给足多个隐藏层，看看神经网络的表现。假设加入6个隐藏层，前4层每层有8个神经元，第5层有6个神经元，第6层有2个神经元，输出结果如图7-15所示。

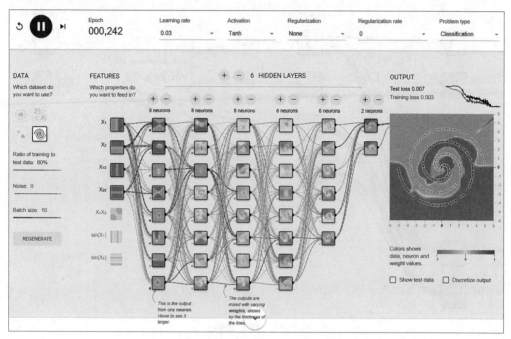

图7-15 增加神经元个数和神经网络隐藏层数后的输出结果

结果显示，通过增加神经元的个数和神经网络的隐藏层数，即使没有输入许多特征，神经网络也能正确地完成分类。

有了神经网络，系统自己就能学习到哪些特征是有效的、哪些是无效的，并可以通过这些特征完成分类，这就大大提高了我们解决语音、图像这类复杂抽象问题的能力。

学习笔记

任务 7.3　机器学习框架编程体验

AI Training 是一款由深圳国泰安教育技术有限公司智慧教育专业团队自主研发的图形化编程工具平台。该团队致力于创新教育技术，提升教育质量，回归教育本源，为客户提供以 AR/VR、AI 技术为支撑，以"教学–实训–管理–评价"为核心的教育软件。用户可以通过该平台使用图形化编程语言来创作出游戏、软件、动画故事等作品，并通过搭积木的编程方式全面锻炼学生的逻辑思维能力、任务拆解能力、审美能力和团队协作能力等综合素养。同时平台提供了海量创意编程课程提供给学生学习，通过与人工智能相结合的后台管理系统和前端课程的比赛奖励机制，可极大地激发学生的学习兴趣，帮助学生提高专业技能知识水平和动手能力。

AI Training 实训平台专注职业教育板块，帮助学生提高 AI 编程技能和团队合作能力等综合素养，以便于将来更好地服务于社会，帮助学生就业。平台依据学生的学习特点和中国现代教育理念来设计，采用不同于传统代码的"图形化编程模块"的创作方式及"寓教于乐"的教育理念，通过游戏化课程与人工智能技术的结合，让学生在乐趣中学到技能，快速掌握 AI 编程的技巧，同时提高逻辑思维能力及创新能力。

7.3.1　AI Training 编辑器使用说明

进入官网（http：//ai.gtafe.com）首页（图 7-16）后单击"实训中心"。

图 7-16　AI Training 官网首页

单击右上角的"+"创建新的实训项目，对项目进行命名后自动进入 AI Training 编辑器界面，如图 7-17 所示。

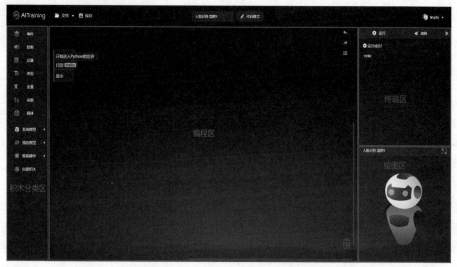

图 7-17　AI Training 编辑器界面

AI Training 编辑器界面主要分为四大区域：积木分类区、编程区、终端区和绘图区，同时还拥有双模式（代码模式和积木模式），支持独立完成编写 Python 代码，也可通过搭积木的方式写出 Python 代码，完成有独创的 Python 图形化编程。

积木分类区：对积木元素进行分类，主要按照事件、控制、运算、类型、变量等划分，积木元素可通过拖拉拽的方式移动至编程区。

编程区：通过积木/代码模式编写 Python 程序。

终端区：单击"运行"显示编程区运行后的结果，单击"清除"可清空所有运行记录。

绘图区：展示运行后的图形效果。

下面举例说明操作步骤。

第一步，拖出需要搭建的积木，单击"运行"，查看运行结果，如图 7-18 所示。

图 7-18　运行程序

第二步，单击页面上的"代码模式"，在代码和积木之间相互转换，如图 7-19 所示。

图 7-19　积木模式

代码模式如图 7-20 所示。

图 7-20　代码模式

7.3.2　AI Training 模型训练

打开官网首页后单击"模型训练"并进入如图 7-21 所示的页面。

首先需要选择模型类型。模型类型可以分为图像分类和物体检测 2 种：图像分类可以快速识别一张图片中是否含有指定的物体、状态或者场景；物体检测指的是定制识别出图片里每个物体的位置和标记点的名称，适用于识别图片中有多个物体的场景特点。根据需求选择对应的模型类型，如图 7-22 所示。

第一步，单击"创建数据集"并进入该页面，创建一个数据集，这里以创建"颜色分类"数据集举例，如图 7-23 所示。

图 7-21　进入"模型训练"页面

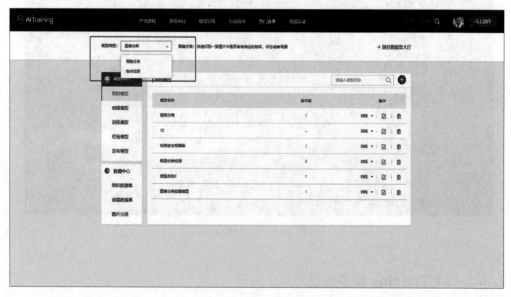

图 7-22　模型类型选择

第二步，创建好数据集页面后自动进入"我的数据集"页面，可以对所创建的数据集进行管理，然后单击"标注"，对图片数据进行标注，如图 7-24 所示。

第三步，进入"标注数据"页面，对已上传的图片完成数据标注，具体步骤如图 7-25 所示。

第四步，单击"创建模型"进入图像分类模型页面下的"创建模型"页面，创建一个颜色分类模型，如图 7-26 所示。

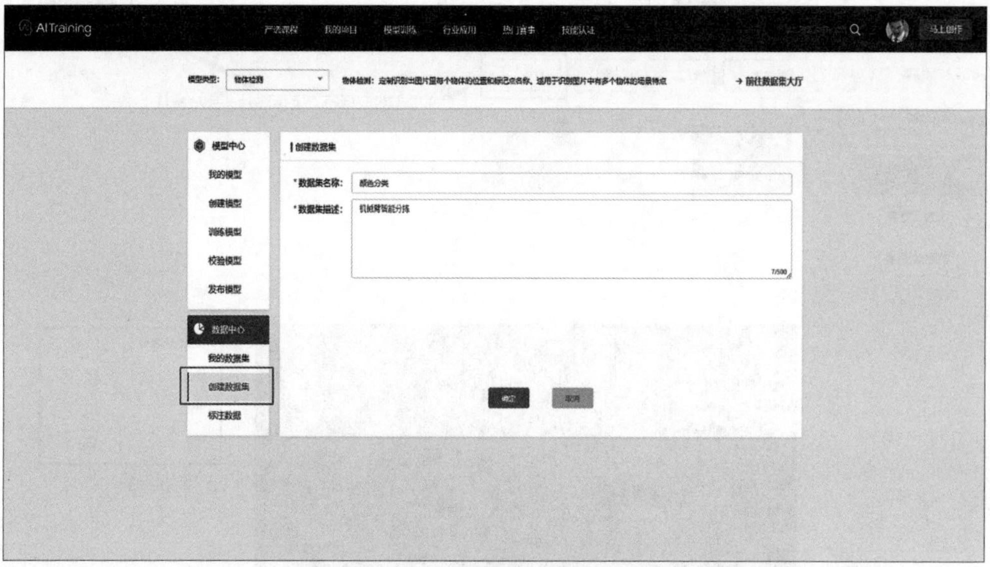

图 7-23　“创建数据集”页面

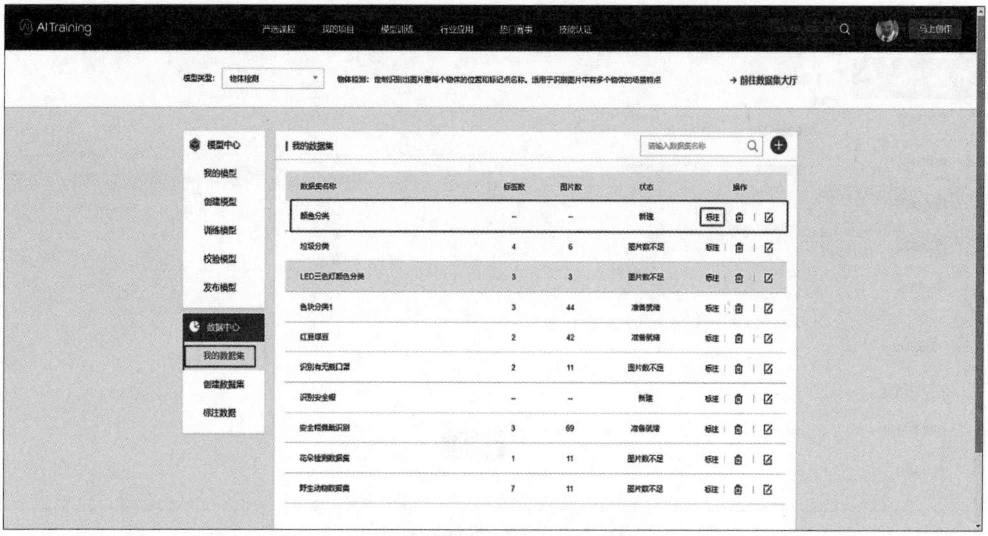

图 7-24　“我的数据集”页面

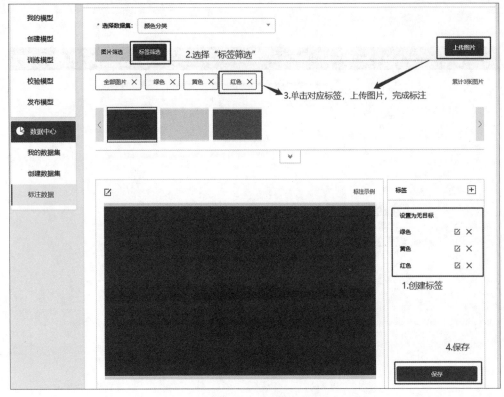

图 7-25　"标注数据"页面

图 7-26　"创建模型"页面

　　第五步，在创建好模型之后，单击"我的模型"进入如图 7-27 所示的页面，可查看、管理之前创建的颜色分类模型。

　　第六步，单击"训练模型"进入"训练模型"页面，选择训练模型、模型数据，并开始模型训练，如图 7-28 所示。

图 7-27　"我的模型"页面

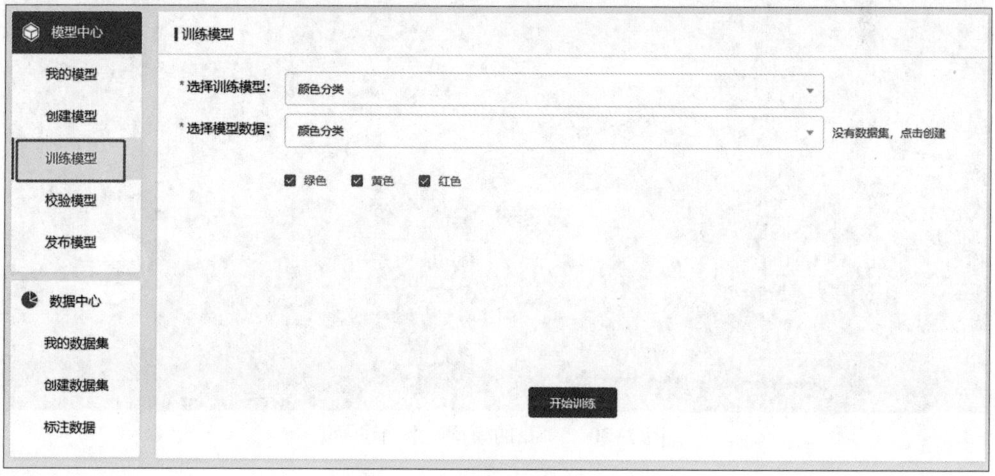

图 7-28　"训练模型"页面

第七步，单击"校验模型"，选择校验模型、模型版本，并开始校验，如图 7-29 所示。

最后发布好的模型将会自动加载，并且在图形化编程页面中"我的模型"下拉项中显示出来，如图 7-30 所示。

图 7-29 "校验模型"页面

图 7-30 "我的模型"发布页面

学习笔记

课后习题

1. 根据 scikit-learn 机器学习框架中给出的实例，结合自己在智能轨道交通中遇到的实际问题改写程序，并调试运行。

_____

_____

_____

_____

2. 通过对 PlayGround 的学习理解，写出自己对人工智能在数据学习及数据预测方面的学习体会。

_____

_____

_____

_____

3. 尝试 PlayGround 中的其他数据形状，改变特征输入值的数量、训练数据与测试数据的比例、隐藏层的数量等参数，观察人工智能模型对测试数据的完成情况。

_____

_____

_____

_____

4. 通过对 AI Training 实训平台的学习，尝试训练自己的人工智能模型，并且对模型进行测试。

_____

_____

_____

_____

参考答案

项目 8　人工智能的行业应用

微课+课件

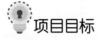项目目标

1. 掌握智慧城市的概念。
2. 理解智慧城市和智能城市、智慧农业的关系。
3. 了解智慧城市的应用体系。
4. 了解人工智能技术在智慧交通中的应用。
5. 了解人工智能技术在智能家居中的应用。
6. 了解人工智能技术在智慧医疗中的应用。
7. 了解人工智能技术在智慧教育中的应用。

项目导读

　　一直以来，人工智能都在影响着人类社会各个方面的发展。随着信息技术的不断成熟，人工智能技术也取得了突破性的进展，在计算机视觉、机器学习、自然语言处理、机器人技术方面更是取得了巨大的进步。人工智能已经逐渐走进我们的生活，并应用于各个领域。它不仅给许多行业创造了巨大的经济效益，也为我们的生活带来了许多改变和便利。

　　学习笔记

项目实施

任务 8.1　智慧城市

所谓"智慧城市"，就是运用信息和通信技术手段感测、分析、整合城市运行核心系统的各项关键信息，从而对包括民生、环保、公共安全、城市服务、工商业活动在内的各种需求做出智能响应。其实质是利用先进的信息技术，实现城市智慧式管理和运行，进而为城市中的人创造更美好的生活，促进城市的和谐、可持续成长。

建设智慧城市也是转变城市发展方式、提升城市发展质量的客观要求。通过建设智慧城市，及时传递、整合、交流、使用城市经济、文化、公共资源、管理服务、市民生活、生态环境等各类信息，提高物与物、物与人、人与人的互联互通，以及全面感知和利用信息能力，从而能够极大地提高政府管理和服务的能力，提升人民群众的物质和文化生活水平。建设智慧城市会让城市发展更全面、更协调、更可持续，会让城市生活变得更健康、更和谐、更美好。

发展智慧城市是我国促进城市高度信息化、网络化的重大举措和综合性措施。从设备厂商的角度来说，光通信设备厂商、无线通信设备厂商将充分发挥所属技术领域的优势，将无线和有线充分进行融合，实现网络最优化配置，以加速推动智慧城市的发展进程。

智慧城市作为信息技术的深度拓展和集成应用，是新一代信息技术孕育突破的重要方向之一，是全球战略新兴产业发展的重要组成部分。在我国，开展智慧城市技术和标准试点，是科技部和国家管理标准委员会为促进我国智慧城市建设健康有序发展、推动我国自主创新成果在智慧城市中推广应用共同开展的一项示范性工作，旨在形成我国具有自主知识产权的智慧城市技术与标准体系和解决方案，为我国智慧城市建设提供科技支撑。

2014 年 8 月 27 日，经国务院同意，国家发展改革委、工业和信息化部、科学技术部、公安部、财政部、国土资源部、住房和城乡建设部、交通运输部八部委印发《关于促进智慧城市健康发展的指导意见》，要求各地区各有关部门落实本指导意见提出的各项任务，确保智慧城市建设健康有序推进。意见提出，到 2020 年，建成一批特色鲜明的智慧城市，聚集和辐射带动作用大幅增强，综合竞争优势明显提高，在保障和改善民生服务、创新社会管理、维护网络安全等方面取得显著成效。

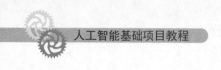

任务 8.2 智慧城市及其他

智慧城市经常与数字城市、感知城市、无线城市、智能城市、生态城市、低碳城市等区域发展概念相互交叉，甚至与电子政务、智能交通、智能电网、智慧农业等行业信息化概念产生重叠。

8.2.1 智慧城市与智能城市

智能城市是科技创新和城市发展的深度融合，通过科技和前瞻性的城市发展理念赋能城市，以生态融合升级的方式推动城市智能化进程，实现普惠便捷的民众生活、高效精准的城市治理、高质量发展的产业经济、绿色宜居的资源环境和智能可靠的基础设施，是支撑城市服务的供给侧结构性改革，满足城市美好生活需要的城市发展新理念、新模式和新形态。

智能城市是在城市数字化和网络化发展基础上的智能升级，是城市由局部智慧走向全面智慧的必经阶段。智能城市应是智慧城市发展的重点阶段。通过智能技术赋能城市发展，实现惠民服务、城市治理、宜居环境和基础设施的智能水平提升。同时智能城市建设最重要的内容是推进产业经济的智能化，一方面包括智能技术和传统产业融合，以推进传统产业变革，实现转型提升；另一方面要通过科技成果转化和示范性应用，加速推进智能产业突破发展。

未来智能城市通过信息技术支持，将分割的城市功能融合，将产业经济、惠民服务、政府治理、资源环境和基础支撑五大体系关联起来。伴随着智能城市的发展，智能技术逐渐实现物理城市空间、虚拟城市空间和社会空间的深度融合，三者互动协同，使城市逐渐具备越来越强的推演预测和自动决策的能力，预测并干预未来可能出现的问题，城市可以持续升级进化。所以，智能城市是智慧城市发展的重点阶段。

8.2.2 智慧城市与智慧农业

不管城市如何智能化，最后智慧城市的工作难点还会落在农业上，城市居民的吃、喝、用，绝大多数产品或者说原材料是来自农业，实现智慧城市关键在于智慧农业的普及应用（图 8-1）。

智慧农业就是充分应用现代信息技术成果，集成应用计算机与网络技术、物联网技术、音视频技术、传感器技术、无线通信技术及专家智慧与知识平台，实现农业可视化远程诊断、远程控制、灾变预警等智能管理、远程诊断交流、远程咨询、远程会诊，逐步建立农业信息服务的可视化传播与应用模式；实现对农业生产环境的远程精准监测和控制，提高设施农业建设管理水平，依靠存储在知识库中的农业专家的知识，运用推理、分析等机制，指导农牧业进行生产和流通作业。

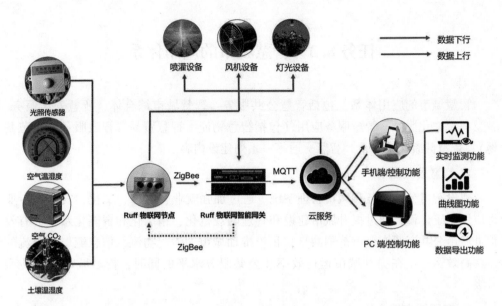

图 8-1　智慧农业

可见，智慧农业的核心技术和目标与智慧城市是不谋而合的，智慧城市的实现需要智慧农业的普及，智慧农业的成功应用是智慧城市的有力支撑。

学习笔记

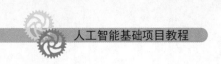

任务 8.3　智慧城市的应用体系

智慧城市的应用体系，包括智慧公共服务、智慧城市综合体、智慧安居服务、智慧教育文化服务、智慧服务应用（包括智慧物流、智慧贸易、智慧服务业示范基地）、智慧健康保障体系、智慧交通等一系列建设内容。

1. 智慧公共服务

建设智慧公共服务和城市管理系统。通过加强就业、医疗、文化、安居等专业性应用系统建设，通过提升城市建设和管理的规范化、精准化和智能化水平，有效促进城市公共资源在全市范围共享，积极推动城市人流、物流、信息流、资金流的协调高效运行，在提升城市运行效率和公共服务水平的同时，推动城市发展转型升级。

2. 智慧城市综合体

采用视觉采集和识别、各类传感器、无线定位系统、RFID（射频识别）、条码识别、视觉标签等顶尖技术，构建智能视觉物联网，对城市综合体的要素进行智能感知、自动数据采集，涵盖城市综合体当中的商业、办公、居住、旅游、展览、餐饮、会议、文娱和交通、灯光照明、信息通信和显示等方方面面，将采集的数据可视化和规范化，让管理者能进行可视化城市综合体管理。

3. 智慧安居服务

开展智慧社区安居的调研试点工作，充分考虑公共区、商务区、居住区的不同需求，融合应用物联网、互联网、移动通信等各种信息技术，发展社区政务、智慧家居系统、智慧楼宇管理、智慧社区服务、社区远程监控、安全管理、智慧商务办公等智慧应用系统，使居民生活智能化发展。加快智慧社区安居标准方面的探索推进工作。

4. 智慧教育文化服务

积极推进智慧教育文化体系建设。建设完善教育城域网和校园网工程，推动智慧教育事业发展，重点建设教育综合信息网、网络学校、数字化课件、教学资源库、虚拟图书馆、教学综合管理系统、远程教育系统等资源共享数据库及共享应用平台系统。继续推进再教育工程，提供多渠道的教育培训就业服务，建设学习型社会。继续深化"文化共享"工程建设，积极推进先进网络文化的发展，加快新闻出版、广播影视、电子娱乐等行业信息化步伐，加强信息资源整合，完善公共文化信息服务体系。构建智慧旅游公共信息服务平台（图8-2），提供更加便捷的旅游服务，提升旅游文化品牌。

5. 智慧服务应用

组织实施部分智慧服务业试点项目，通过示范带动，推进传统服务企业经营、

图 8-2　智慧旅游

管理和服务模式创新，加快向现代智慧服务产业转型。

（1）智慧物流。配合综合物流园区信息化建设，推广射频识别、多维条码、卫星定位、货物跟踪、电子商务等信息技术在物流行业中的应用，加快基于物联网的物流信息平台及第四方物流信息平台建设，整合物流资源，实现物流政务服务和物流商务服务的一体化，推动信息化、标准化、智能化的物流企业和物流产业发展。

（2）智慧贸易。支持企业通过自建网站或第三方电子商务平台，开展网上询价、网上采购、网上营销、网上支付等活动。积极推动商贸服务业、旅游会展业、中介服务业等现代服务业领域运用电子商务手段，创新服务方式，提高服务层次。结合实体市场的建立，积极推进电子商务平台建设，鼓励发展以电商平台为聚合点的行业性公共信息服务平台，培育发展电子商务企业，重点发展集产品展示、信息发布、交易、支付于一体的综合电商企业或行业电商网站。

（3）建设智慧服务业示范基地。通过信息化深入应用，积极改造传统服务业经营、管理和服务模式，加快向智能化现代服务业转型。结合城市服务业发展现状，加快推进现代金融、服务外包、高端商务、现代商贸等现代服务业发展。

6. 智慧健康保障体系

重点推进"数字卫生"系统建设。建立卫生服务网络和城市社区卫生服务体系，构建以城市区域化卫生信息管理为核心的信息平台，促进各医疗卫生单位信息系统之间的沟通和交互。以医院管理和电子病历为重点，建立城市居民电子健康档案；以实现医院服务网络化为重点，推进远程挂号、电子收费、数字远程医疗服务、图文体检诊断系统等智慧医疗系统建设，提升医疗和健康服务水平。

7. 智慧交通

建设"数字交通"工程，通过监控、监测、交通流量分布优化等技术，完善公安、城管、公路等监控体系和信息网络系统，建立以交通诱导、应急指挥、智能出行、出租车和公交车管理等系统为重点的、统一的智能化城市交通综合管理和服务系统建设，实现交通信息的充分共享、公路交通状况的实时监控及动态管理，全面提升监控力度和智能化管理水平，确保交通运输安全、畅通。

 学习笔记

任务 8.4　智慧交通

　　智慧交通作为智慧城市在交通领域的具体体现，使城市交通系统具备泛在感知、互联、分析、预测、控制等能力，是智慧城市的重要组成部分，智慧交通的建设将推进智慧城市的发展（图 8-3）。

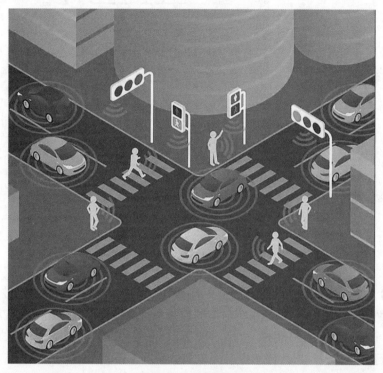

图 8-3　智慧交通

8.4.1　轨道交通驾驶系统的发展

　　世界上一些大城市经过几十年甚至上百年的建设，已形成了城市轨道交通网，城市轨道交通已成为市民出行的主要公共交通工具。近十余年来，我国城市轨道交通发展速度明显加快，特别是北京、上海、广州、杭州等城市，正在加速新线建设并逐步形成城市轨道交通网络（图 8-4），这将从根本上解决城市的交通拥堵状况。

　　随着科学技术的发展以及自动化程度的提高，世界上城市轨道交通系统的运行模式大致经历了以下三个发展阶段。

　　（1）人工驾驶模式。列车驾驶员根据运行图在独立的信号系统中驾驶列车运行，并得到 ATP（列车自动防护系统）的监控与保护。

　　（2）人工驾驶的自动化运行模式。列车设驾驶员，其主要任务是为乘客上下车

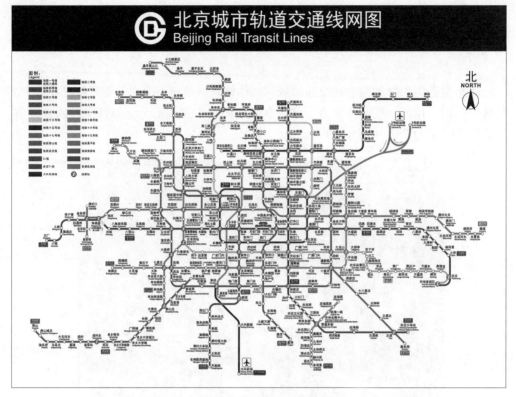

图8-4　北京城市轨道交通线网图

开/关车门，给出列车起动的控制信号；而列车的加速、惰行、制动以及停站，均通过 ATC（列车自动控制）信号系统与车辆控制系统的接口，经协调配合自动完成。

（3）全自动无人驾驶模式。列车的唤醒、起动、行驶、停站、开/关车门、故障降级运行，以及列车出入停车场、洗车和休眠等都不需要驾驶员操作，完全自动完成。

8.4.2　轨道交通的无人驾驶模式

我国近几年建设的新线，多属于人工驾驶的自动化运行模式。但纵观当今世界，科学技术的进步正在使城市轨道交通技术发生着革命性的变化。借助于全新的设计理念，计算机网络控制技术的应用，集成电路、电子元器件和机电部件的可靠性提高，生产制造工艺技术的革新等，已使城市轨道交通系统的可靠性、安全性达到99.99%；自动化程度的提高，使人工干预的内容越来越少，并已达到列车驾驶员的职能完全可由自动化系统来替代的程度。城市轨道交通技术正进入一个崭新的"全自动无人驾驶模式"的发展期。全自动无人驾驶系统作为先进的城市公共交通系统，代表了城市轨道交通领域的发展方向。

无人驾驶系统是一项成熟的技术，在设计、施工和设备制造等方面已经取得了丰富的经验。

无人驾驶系统的列车完全在基于通信的控制系统下运行，包括车辆段（含停车场）列车唤醒、车站准备、进入正线服务、正线列车运行、折返站折返、退出正线服务、进段、洗车和休眠等作业。列车的起动、牵引、巡航、惰行和制动，车门和屏蔽门的开关，车站和车载广播等控制都可在无人状态下自动运行。

无人驾驶系统涉及车辆、信号、通信、综合自动化等多个专业，所有专业均按照无人驾驶系统的要求设计，提高了系统的安全性和可靠性，加速了各专业技术水平的发展，达到了降低投资运营成本、提高轨道交通运营管理水平、优化对乘客的服务质量等标准。与有人监督自动驾驶系统相比，无人驾驶系统具有以下特点。

（1）线路应完全封闭、车站设置屏蔽门，车辆段无人自动驾驶区域应设置围栏、隔离设施和门禁等防护措施。

（2）车辆、信号及车辆与控制中心的通信系统等采用多重冗余技术，主、备系统之间能够实现"无缝"切换，提高系统的可靠性和可用性。

（3）车辆应具备更高的牵引和制动控制精度，具有待班列车的自动预检、更强的故障诊断和报警、对车厢内环境的调节等功能，并具有多重控制方式。同时应设置车辆排障设备和脱轨检测设备，并与信号系统接口，在发生紧急情况时应能紧急制动。

（4）车地间应实现实时、安全、高速、大容量的双向通信，包括列车控制信息传输、故障诊断与报警信息传输、车厢内闭路电视监视信息传输、中心和车站与旅客直接通话传输等。

（5）无人驾驶系统优先采用基于通信的移动闭塞系统，在保证列车运行安全的前提下，能够缩短追踪间隔，实现列车的精确定位和实时跟踪。同时，信号系统应提供特有的"超低速运行模式"用于实现系统故障时的运行。车载信号和轨道设备故障时应具有可靠的应急运行方式，列车上应设置人工驾驶盘以备必要时授权人工驾驶，以及提供乘客紧急停车按钮或手柄。

（6）车辆段应采用与正线相同的信号系统（包括进出段联络线），以实现全线的无人自动驾驶。段内根据作业性质分为无人自动驾驶区域和有人驾驶区域。列车出入段进路必须预先计划并自动控制。段内自动作业包括激活列车起动自检、起动列车、将列车送至正线、送至洗车库接受预定清洗、送至预先分配的停车线和将列车休眠等。

（7）具备快速、准确、安全的故障检测和排除功能以及强大的故障救援能力。无人驾驶系统以 ATC 系统和高效智能的综合自动化系统为基础，结合人工监视和干预机制，建立健全运营应急预案，当列车由于某种原因在区间停车、发生火灾、车门无法关闭等情况下，能够迅速将报警信息传输给中心和相关车站，启动应急预案，及时响应并采取措施，提高对灾害、事故等情况下的应急处理能力。

（8）运营管理模式发生较大变化，中心调度员将由对人的调度关系转变为直接面向列车和乘客，原来对司机的调度电话将转变为中心与列车间的通信，同时要直接服务乘客、指导乘客处理紧急事务及逃生。

（9）无人驾驶系统在适当的列车编组情况下，通过缩短行车间隔，能增加运能，并节省车辆配置；更高的牵引和制动控制精度可以使列车运行趋于理想的运行曲线，降低了牵引能耗和车辆耗损；减少了驾驶员数量，节约了人工成本。

（10）无人驾驶系统有利于行车间隔、站停时间的精确控制，从而提高了乘客的旅行速度。列车的高安全性、高可靠性和高准点性运行增强了乘客对城市轨道交通的信任度。

无人驾驶系统是高科技含量的轨道交通系统，需要有较高的管理水平与之相适应。因此，要求管理人员有较高的素质，不仅要有较高的专业水平，能沉着、机智地应对突发事件，更要有极高的服务意识和责任感，使运营服务水准得到明显的提高。

学习笔记

任务 8.5　智能家居

智能家居（图 8-5）是以住宅为平台，通过物联网技术将家中的各种设备（如音视频设备、照明系统、窗帘控制、空调控制、安防系统、数字影院系统、影音服务器、网络家电等）连接到一起，实现智能化的一种生态系统。它具有智能灯光控制、智能电器控制、安防监控系统、智能背景音乐、智能视频共享、可视对讲系统、家庭影院系统、室内外遥控、防盗报警、环境监测、暖通控制、红外转发以及可编程定时控制等多种功能和手段。

图 8-5　智能家居

智能家居利用综合布线技术、网络通信技术、安全防范技术、自动控制技术、音视频技术将与家居生活有关的设施集成，构建高效的住宅设施与家庭日程事务的管理系统，提升家居的安全性、便利性、舒适性、艺术性，并实现环保节能的居住环境。与普通家居相比，智能家居不仅具有传统的居住功能，还为网络通信、信息家电、设备自动化提供全方位的信息交互功能，还可以节约各种能源费用。

8.5.1　家庭自动化

家庭自动化（home automation）是指利用微处理电子技术来集成或控制家中的电子电器产品或系统（图 8-6），如照明灯、咖啡炉、计算机设备、保安系统、暖气及冷气系统、视讯及音响系统等。家庭自动化系统主要是以一个中央微处理机（CPU）在接收来自相关电子电器产品的信息后，再以既定的程序发送适当的信息给其他电子电器产品。中央微处理机必须透过许多界面来控制家中的电器产品，这些界面可以是键盘，也可以是触摸式屏幕、按钮、计算机、电话机、遥控器等；使用者可发送信号至中央微处理机，或接收来自中央微处理机的信号。

图 8-6　家庭自动化系统

　　家庭自动化是智能家居的一个重要系统。在智能家居刚出现时，家庭自动化甚至就等同于智能家居，今天它仍是智能家居的核心之一。但随着网络技术在智能家居中的普遍应用以及网络家电/信息家电的逐渐成熟，家庭自动化的许多产品功能将融入这些新产品中去，从而使单纯的家庭自动化产品在系统设计中越来越少，其核心地位也将被家庭网络/家庭信息系统所代替。因此，它将作为家庭网络中的控制网络部分在智能家居中发挥作用。

8.5.2　家庭网络

　　家庭网络（home networking）和纯粹的"家庭局域网"不同，它是在家庭范围内（可扩展至邻居、小区）将 PC、家电、安全系统、照明系统和广域网相连接的一种新技术。当前在家庭网络所采用的连接技术包括"有线"和"无线"两大类。

　　与传统的办公网络相比，家庭网络加入了很多家庭应用产品和系统，如家电设备、照明系统，因此相应技术标准也错综复杂，其发展趋势是将智能家居中的其他系统融合进去。

8.5.3　网络家电

　　网络家电（图 8-7）是利用数字技术、网络技术及智能控制技术将普通家用电器进行设计改进后的新型家电产品。网络家电可以实现互联，组成一个家庭内部网络，同时这个家庭网络又可以与外部互联网连接。可见，网络家电技术包括两个层面：第一个层面是家电之间的互联问题，也就是使不同家电之间能够互相识别，协同工作；第二个层面是解决家电网络与外部网络的通信，使家庭中的家电网络真正成为外部网络的延伸。

　　要实现家电间互连和信息交换，就需要解决以下两个问题。

图 8-7　网络家电

（1）描述家电工作特性的产品模型，使数据的交换具有特定含义。

（2）信息传输的网络媒介。可选择的网络媒介有电力线、无线射频、双绞线、同轴电缆、红外线、光纤。目前认为比较可行的网络家电包括网络冰箱、网络空调、网络洗衣机、网络热水器、网络微波炉、网络炊具等。网络家电未来的发展方向是充分融合到家庭网络中去。

8.5.4　智能家居的设计理念

衡量一个住宅小区智能化系统的成功与否，并非仅仅取决于智能化系统的多少、系统的先进性或集成度，更重要的是系统的设计和配置是否经济合理并且系统能否成功运行，系统的使用、管理和维护是否方便，系统或产品的技术是否成熟适用。换句话说，就是如何以最少的投入、最简便的实现途径来换取最大的功效，实现便捷高质量的生活。

为了实现上述目标，智能家居系统设计时要遵循以下几个原则。

（1）实用便利。智能家居最基本的目标是为人们提供一个舒适、安全、方便和高效的生活环境。对智能家居产品来说，最重要的是以实用为核心，摒弃那些华而不实、只能充作摆设的功能，以实用性、易用性和人性化为主（图 8-8）。

在设计智能家居系统时，应根据用户对智能家居功能的需求，整合最实用、最基本的家居控制功能，包括智能家电控制、智能灯光控制、电动窗帘控制、防盗报警、门禁对讲、煤气泄漏等，同时还可以拓展诸如三表抄送、视频点播等服务增值功能。对很多个性化智能家居的控制方式有本地控制、遥控控制、集中控制、手机远程控制、感应控制、网络控制、定时控制等，其本意是让人们摆脱烦琐的事务，提高效率。如果操作过程和程序设置过于烦琐，容易让用户产生排斥心理。所以，在对智能家居进行设计时，一定要充分考虑到用户体验，注重操作的便利化和直观性。

图 8-8　智能家居系统的设计

（2）可靠性。整个建筑的各个智能化子系统应能二十四小时运转，系统的安全性、可靠性和容错能力必须予以高度重视。对各个子系统的电源、系统备份等采取相应的容错措施，保证系统能正常安全使用，且质量、性能良好，具备应付各种复杂环境变化的能力。

（3）标准性。智能家居系统方案的设计应依照国家和地区的有关标准进行，确保系统的扩充性和扩展性，在系统传输上采用标准的网络技术，保证不同厂商之间的系统可以兼容与互联。系统的前端设备是多功能的、开放的、可以扩展的设备。如系统主机、终端与模块采用标准化接口设计，为家居智能系统外部厂商提供集成的平台，而且其功能可以扩展，当需要增加功能时，不必再开挖管网，简单可靠、方便节约。设计选用的系统和产品能够使本系统与未来不断发展的第三方受控设备进行互通互联。

（4）方便性。布线安装是否简单直接关系到成本、可扩展性、可维护性等问题，一定要选择布线简单的系统，施工时可与小区宽带一起布线，设备易操作，维护简便。

（5）轻巧型。智能家居产品应该是一种轻量级的系统，简单、实用、灵巧是它的最主要特点，也是其与传统智能家居系统最大的区别。所以我们一般把无须施工部署、功能可自由搭配组合，且价格相对便宜、可直接面对最终消费者销售的智能家居产品称为轻巧型智能家居产品。

随着智能家居的迅猛发展，越来越多的家居开始引进智能化系统和设备。智能化系统涵盖的内容也从单纯的方式向多种方式相结合的方向发展。

学习笔记

任务 8.6　智慧医疗

智慧医疗（wise information technology of 120，WIT120），是指通过打造健康档案区域医疗信息平台，利用最先进的物联网技术，实现患者与医务人员、医疗机构、医疗设备之间的互动，逐步达到信息化（图 8-9）。

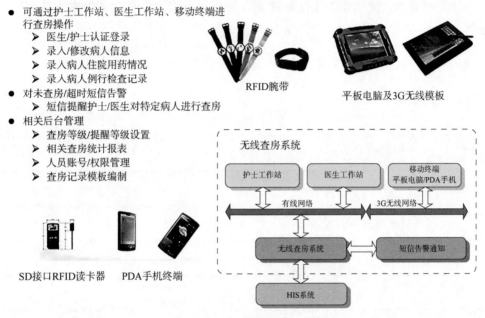

- 可通过护士工作站、医生工作站、移动终端进行查房操作
  - ➤ 医生/护士认证登录
  - ➤ 录入/修改病人信息
  - ➤ 录入病人住院用药情况
  - ➤ 录入病人例行检查记录
- 对未查房/超时短信告警
  - ➤ 短信提醒护士/医生对特定病人进行查房
- 相关后台管理
  - ➤ 查房等级/提醒等级设置
  - ➤ 相关查房统计报表
  - ➤ 人员账号/权限管理
  - ➤ 查房记录模板编制

RFID腕带　平板电脑及3G无线模板

SD接口RFID读卡器　PDA手机终端

图 8-9　智慧医疗

人工智能技术已经逐渐应用于药物研发、医学影像、辅助治疗、健康管理、基因检测、智慧医院等领域。其中药物研发的市场份额最大，利用人工智能可大幅缩短药物研发周期，降低成本。在不久的将来，医疗行业将融入更多人工智慧、传感技术等高科技，使医疗服务走向真正意义的智能化，从而推动医疗事业的繁荣发展。智慧医疗正在走进寻常百姓的生活。

随着医疗信息化的快速发展，通过无线网络，使用手持 PDA 或手机便捷地联通各种诊疗仪器，医务人员可随时掌握每个病人的病案信息和最新诊疗报告，随时随地快速制定诊疗方案；在医院任何一个地方，医护人员都可以登录距自己最近的系统查询医学影像资料和医嘱；患者的转诊信息及病历可以在任意一家医院通过医疗联网方式调阅等。这样的场景在不久的将来将日渐普及，智慧医疗正日渐走入人们的生活。

以医疗信息系统为例，智慧医疗具有以下特点。

（1）互联的。经授权的医生能够随时查阅病人的病历、患史、治疗措施和保险细则，患者也可以自主选择更换医生或医院。

（2）协作的。把信息仓库变成可分享的记录，整合并共享医疗信息和记录，以期构建一个综合的专业的医疗网络。

（3）预防的。实时感知、处理和分析重大的医疗事件，从而快速、有效地做出响应。

（4）普及的。支持乡镇医院和社区医院无缝地连接到中心医院，以便可以实时地获取专家建议、安排转诊和接受培训。

（5）创新的。提升知识和过程处理能力，进一步推动临床创新和研究。

（6）可靠的。使从业医生能够搜索、分析和引用大量科学证据来支持他们的诊断。

 学习笔记

任务 8.7　智慧教育

物联网、云计算和移动因特网是智慧教育的技术背景。物联网技术为校园传感网的建设提供了技术支撑，云计算技术为教育云平台的建设提供了技术支撑，移动因特网技术为泛在学习的实现提供了技术支撑。智慧教育是信息时代教育发展的必然趋势。

8.7.1　智慧教育的定义

智慧指辨析判断、发明创造的能力，而智慧教育就是通过构建技术融合的学习环境，让教师能够施展高效的教学方法，让学习者能够获得适宜的个性化学习服务和美好的发展体验，使其由不能变为可能，由小能变为大能，从而培养具有良好的价值取向、较强的行动能力、较好的思维品质、较深的创造潜能的人才（图 8-10）。

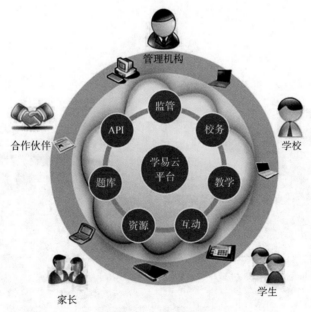

图 8-10　智慧教育

关于智慧教育的概念主要有以下几种观点。

（1）智慧教育是智能教育，主要是使用先进的信息技术实现教育手段的智能化。该观点重点关注技术手段。

（2）智慧教育是一种基于学习者自身的能力与水平，兼顾兴趣，通过娴熟地运用信息技术，获取丰富的学习资料，开展自助式学习的教育。

（3）智慧教育是指在传授知识的同时，着重培养人们智能的教育。这些智能主要包含：学习能力、思维能力、记忆能力、想象能力、决断能力、领导能力、创新能力、组织能力、研究能力、表达能力等。

（4）智慧教育是指运用物联网、云计算、移动网络等新一代信息技术，通过构建智慧学习环境，运用智慧教学法，促进学习者进行智慧学习，从而提升成才期望，即培养具有高智能和创造力的人才。

用不断发展的信息技术，整合教育资源，形成新的学习环境，让教师能够充分发挥教育才能，学生能够拥有个性化的学习环境和更好的发展路线，进而让人实现更好的发展。能够实现这一美好愿景的，就是所谓的智慧教育。

8.7.2 智慧校园

智慧校园（图8-11）是信息技术高度融合、信息化应用深度整合、信息终端广泛感知的信息化校园。其特征为：融合的网络与技术环境、广泛感知的信息终端、智能的管理与决策支持、快速综合的业务处理服务、个性化的信息服务、泛在的学习环境、智慧的课堂、充分共享灵活配置教学资源的平台、蕴含教育智慧的学习社区等。

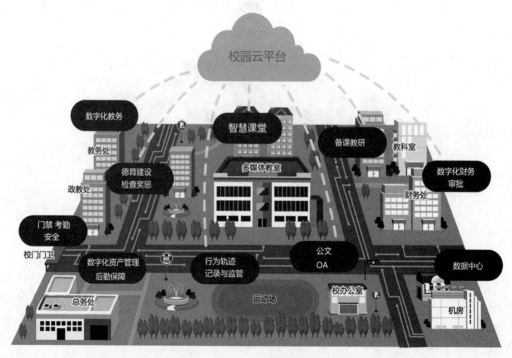

图8-11　智慧校园

8.7.3 智慧教室

实现智慧教育的核心在于创造一个智慧的学习环境。这些年来，信息技术在很大程度上已经对教育提供帮助并产生了深刻的影响。

　　智慧教室是体现信息化智慧教育的实体建筑空间，是目前学校课室的一次革命性升级与改革。图 8-12 是传统教室与智慧教室的对比。智慧教室应具有互动性、感知性、开放性、易用性等核心特征。

图 8-12　智慧教室

　　（1）互动性。教室中的师生、学生与学生、软硬件、教师与教学设备、教师与教学资源、教师与软件、学生与硬件、学生与软件、学生与资源等各种维度的互动，都应该是自然而然的，可以体现在各个层面而非单一的教学层面，智慧教室的互动性是其先进性的基础，只有具备了互动的双向性，才可令彼此发生联系。

　　（2）感知性。应从物理感知与虚拟空间感知两个层面理解。物理感知基于物联网的硬件设备，可以智慧地感知教室的湿度、温度、亮度、空气情况等，甚至可以通过进一步的录播技术分析师生的情绪变化等；而虚拟空间感知则通过各种智慧教学、教师助手、学习、教学及教务等平台，基于大数据分析技术收集师生的教学情况、学习情况甚至生活情绪变化，进而加以分析感知，达到物理感知与虚拟空间感知的相对统一。智慧课堂的感知性是其收集信息与数据的主要手段。

　　（3）开放性。意味着基础软硬件等设备和相关接口是开放的，可以基于不同系统进行互联互通，如录播系统与智慧教室的系统级对接等。通过各系统的互联互通，进一步提升智慧教室的使用便利性。

　　（4）易用性。是智慧教室用户体验的基础需求，软硬件都应该是信息指示清晰、用户使用简便的产品，这可大大降低师生的使用与学习成本，排除环境干扰，降低认知负荷。而这一切的核心，则是构建一个支持智慧学习框架的实体空间，即是智慧教室的基础要义。

8.7.4　智慧教学模式

　　智慧教学模式是以教学组织结构为主线把学习方式分成以下两类。

（1）分组合作型学习。主要是培养学习者的综合应用能力，强调构建学习共同体，通过智慧教室多屏协作等形式对小组讨论与演示做出最大的支持；强调项目制学习，以可活动新型桌椅及平板学习等的方式支持小组项目制学习的开展。

（2）个人自适应性学习。学习者可以根据个人偏好与发展需要，自主选择学习资源。个人学习空间是个人自适应学习的核心环节，每个学生或者学习者都应有一个具备学情分析报告、微课、预习与作业、巩固复习作业及资源库的综合个人学习空间，基于学生学情自适应推送难度不一的练习等。

学习笔记

课后习题

1. 所谓"智慧城市"，就是（　　）。

A. 运用信息和通信技术手段感测、分析、整合城市运行核心系统的各项关键信息

B. 对民生、环保、公共安全、城市服务、工商业活动等各种需求做出智能响应

C. 利用先进的信息技术，实现城市智慧式管理和运行，为人们创造更美好生活

D. 上述所有

2. 对城市居民而言，智慧城市的基本要件就是能轻松找到最快捷的（　　）、供水供电有保障，且街道更加安全。

A. 便利店　　　　　　　　　　B. 上下班路线

C. 住房信息　　　　　　　　　D. 升职技巧

3. 智慧城市经常与（　　）、无线城市、生态城市、低碳城市等区域发展概念相交叉，甚至与电子政务、智能交通、智能电网等行业信息化概念产生重叠。

A. B、C、D　　　　　　　　　B. 数字城市

C. 智能城市　　　　　　　　　D. 感知城市

4. 建设智慧城市，不管城市怎么"智能化"，最后的工作难点还会落在（　　）上。

A. 商业　　　　　　　　　　　B. 交通

C. 工业　　　　　　　　　　　D. 农业

5. 智慧城市的应用体系，不包括智慧（　　）体系。

A. 物流　　　B. 制造　　　C. 军工　　　D. 公共服务

6. 智能家居是以（　　）为平台，通过物联网技术将家中的各种设备连接到一起，实现智能化的一种生态系统。

A. 住宅　　　B. 小区　　　C. 街道　　　D. 花园

7. 智能家居通过（　　）技术将家中的各种设备（如音视频设备、照明系统、窗帘控制、空调控制、安防系统、数字影院系统、影音服务器、影柜系统、网络家电等）连接到一起。

A. 物联网　　　B. 因特网　　　C. 内联网　　　D. 社交网

8. 智慧医疗是指通过打造健康档案区域医疗信息平台，利用最先进的物联网技术，实现（　　）与医务人员、医疗机构、医疗设备之间的互动，逐步达到信息化。

A. 患者　　　B. 医生　　　C. 管理部门　　　D. 政府

9. 下面（　　）不属于智慧教育的技术背景。

A. 物联网　　　　　　　　　　B. 云计算

C. 移动因特网   D. C 语言开发平台

10. 从目的上讲，"智慧教育"就是（　　　）。

A. 通过构建技术融合的学习环境，让教师能够施展高效的教学方法

B. 让学习者能够获得适宜的个性化学习服务和美好的发展体验

C. 培养具有良好的价值取向、较强的行动能力、较好的思维品质、较深的创造潜能的人才

D. 以上全部正确

11. 智慧教室是体现信息化智慧教育的实体建筑空间，应具有（　　　）、易用性等核心特征。

A. 互动性   B. 感知性   C. 开放性   D. A、B 和 C

参考答案

参 考 文 献

［1］明日科技，王国辉，李磊，等.Python从入门到项目实践［M］.长春：吉林大学出版社，2018.

［2］黑马程序员.Python数据分析与应用：从数据获取到可视化［M］.北京：中国铁道出版社，2019.

［3］明日科技.零基础学Python［M］.长春：吉林大学出版社，2021.

［4］杨运强，吴进，王蕊.Linux系统管理与应用项目实训［M］.北京：北京邮电大学出版社，2022.

［5］赵晓侠，潘晟旻，寇卫利.MySQL数据库设计与应用［M］.北京：人民邮电出版社，2022.

［6］易海博，池瑞楠，张夏衍.云计算基础技术与应用［M］.北京：人民邮电出版社，2020.

［7］迟俊鸿.网络信息安全管理项目教程［M］.北京：电子工业出版社，2020.

［8］李立功.计算机网络技术及应用项目教程［M］.北京：电子工业出版社，2017.

［9］张德光，郑勇，任翔，等.高速铁路区间无人值守中继站智能巡检系统实现方案［J］.铁路通信信号，2019，55（2）：7-11.